böhlau

Andrea Brill

Émilie du Châtelet

Mathematikerin,

Naturphilosophin und

Gefährtin Voltaires

BÖHLAU

Die Publikation wurde unterstützt durch die Förderung der Voltaire-Stiftung, Bad Liebenwerda, www.voltaire-stiftung.org.

Bibliografische Information der Deutschen Nationalbibliothek:
Die Deutsche Nationalbibliothek verzeichnet diese Publikation in der Deutschen Nationalbibliografie; detaillierte bibliografische Daten sind im Internet über https://dnb.de abrufbar.

Umschlagabbildung: Gabrielle-Émilie Le Tonnelier de Breteuil, Marquise du Châtelet
© Collection du Marquis de Breteuil, Château de Breteuil – Yvelines – France

Umschlaggestaltung: Guido Klütsch, Köln
Korrektorat: TextAkzente, Gründau
Satz: Bettina Waringer, Wien
Druck und Bindung: Elanders Waiblingen, Waiblingen
Printed in the EU.

Vandenhoeck & Ruprecht Verlage | www.vandenhoeck-ruprecht-verlage.com
E-Mail: info@boehlau-verlag.com

ISBN 978-3-412-53361-8
ISBN 978-3-412-53363-2
ISBN 978-3-412-53362-5

INHALT

FEUERSPIELE

Im Sommer 1737 waren die Bewohner des in der Südchampagne gelegenen Dorfes Cirey-sur-Blaise verwundert und in Sorge über immer wieder auflodernde Feuer im Park des Château de Cirey. Bald aber sahen sie, worum es sich handelte. Die Flammen waren Teil der physikalischen Experimente, mit denen ein berühmter Schriftsteller und eine junge Adlige, Voltaire und Émilie du Châtelet, ihre Arbeit zu einem Wettbewerb vorbereiteten, der von der Académie royale des sciences in Paris ausgeschrieben worden war. Das Thema: die Natur und Ausbreitung von Feuer. Bald aber sollte sich die junge Marquise von Voltaires Erkenntnissen distanzieren, und schließlich reichte sie heimlich ihre eigene Arbeit ein. Dies war der entscheidende Schritt für die junge Naturwissenschaftlerin, ihren Weg selbstständig und unabhängig von dem geliebten Mann zu gehen.

Begegnet waren sich Voltaire und Émilie vier Jahre zuvor in Paris. Sie verband seitdem nicht nur eine Liebes-, sondern auch eine intensive Arbeits- und Geistesbeziehung. In den Voltaire-Biographien nimmt sie einen großen Raum ein. Aber Émilie war nicht nur die Lebensgefährtin von Voltaire. Sie war viel mehr. Sie veröffentlichte wissenschaftliche Werke zu einer Zeit, in der es Frauen nicht oblag, wissenschaftlich zu arbeiten. Während andere Frauen der gehobenen Schichten Klavier- oder Cembalo-Unterricht nahmen, ließ sie sich von einem der – wenn nicht dem – berühmtesten Mathematiker ihrer Zeit, Pierre Louis Moreau de Maupertuis, in Geometrie unterrichten. Wenige Jahre später veröffentlichte sie ihr erstes großes Werk, eine Einführung in die Naturphilosophie, die niemand geringeren als Leibniz in der französischen Wissenschaftswelt bekannt machen sollte. Ihr letztes Werk war die Übersetzung und Kommentierung von Newtons *Principia*. Dazwischen lagen ein Essay über das Glück und eine 700-seitige bibelkritische Schrift. Sie korrespondierte und diskutierte mit Wissenschaftlern, Mathematikern und Philosophen auf gleichem intellektuellen Niveau, empfing diese im Château de Cirey und stand im ständigen Austausch mit den Geistesgrößen ihrer Zeit.

Ihre umfangreiche Korrespondenz ist symbolisch für die Wissenschaftskultur des 18. Jahrhunderts. Denn die infolge der Scientific Revolution im 17. Jahrhundert entstandene Wissenschaft war noch nicht von der Zugehörigkeit zu Institutionen abhängig, wie es heute üblich ist. Die Forschenden verstanden sich als eine Gemeinschaft, die über ihre aktuellen Themen korrespondierte, und der Brief diente als Forum zur Diskussion der jeweiligen Arbeiten.[1] Émilie du Châtelet gehörte damit der Generation an, die die Entwicklung der Wissenschaft bis zum Ende des 18. Jahrhunderts entscheidend prägte. Dabei stand sie auch am Anfang von Veränderungsprozessen, zu denen sie grundlegende Beiträge lieferte. Bemerkenswert ist ihre Unabhängigkeit in den wissenschaftlichen Diskursen, in denen sie sich nicht einfach auf die eine oder andere Seite schlug, sondern ihren eigenen differenzierten Standpunkt vertrat, wie es die Newton-Leibniz-Descartes-Debatte zeigt, vor allem indem sie sich für die Theorien von Newton und Leibniz einsetzte und diese gegenüber dem traditionellen Cartesianismus geltend machte, ohne deshalb die Verdienste von Descartes gering zu schätzen.[2]

---

1 Veit Elm: Ein Königreich für Newton. Wissenschaft und Wissenschaftspolitik in der Korrespondenz Friedrich II. von Preußen mit Émilie Du Châtelet und Voltaire, in: Ruth Hagengruber/Hartmut Hecht (Hrsg.): Émilie Du Châtelet und die deutsche Aufklärung. Wiesbaden 2019, S. 323–356, hier S. 324f.

2 Dieter Suisky: Émilie Du Châtelet und Leonhard Euler über die Rolle

Sie ist eine klassische Protagonistin der Aufklärung und mit ihren Forderungen nach Bildung und Gleichstellung der Frau unvergleichlich modern.[3] Wie sehr sie dies verkörpert, zeigt sich daran, dass du Châtelet sich von ihren Lehrern und Mentoren wie Maupertuis, Clairaut oder Voltaire emanzipierte und bald wahrnahm, dass sie ihre Fragen mithilfe der eigenen gründlichen Lektüre und Studien selbst beantworten konnte. Sie war zudem die erste und einzige Frau, die sich in der von Männern dominierten Welt der Wissenschaft behauptete, sie war ein „brillannter Ausnahmefall" ihres Jahrhunderts, „die Einzige vor Marie Curie".[4] Dennoch, trotz der Würdigung der wissenschaftlichen Leistung Émilie du Châtelets durch namhafte Denker des 18. Jahrhunderts wie Diderot, d'Alembert, Voltaire, Bernoulli, Maupertuis und Kant, erfolgte eine entscheidende Neubewertung ihres Werkes innerhalb der Forschung erst im letzten Viertel des 20. Jahrhunderts.[5]

Was ihre ungewöhnliche Persönlichkeit zudem ausmacht, ist die gelungene Balance zwischen den beiden Sphären Akademie und Hof, d.h. wissenschaftlicher Arbeit und gesellschaftlichem Auftritt. Émilie du Châtelet bewegte sich souverän sowohl auf dem höfischen Parkett in Versailles und Lunéville als auch in den wissenschaftlichen Kabinetten der Académie royal des sciences. Niemand hat die ungewöhnliche Doppelrolle als Höfling sowie als anerkannte Publizistin und Wissenschaftlerin so erfolgreich erfüllt wie sie. Für Voltaires Fürsprache in Versailles war sie ebenso wichtig wie für berufliche

---

von Hypothesen, in: Hagengruber/Hecht (Hrsg.): Émilie Du Châtelet und die deutsche Aufklärung, S. 99–172, hier S. 101 und 121.

3 Ruth Hagengruber/Hartmut Hecht: Émilie Du Châtelet und ihre Wirkung in Deutschland, in: dies. (Hrsg.): Émilie Du Châtelet und die deutsche Aufklärung, S. V.

4 Élisabeth Badinter: Émilie, Émilie, l'ambition feminine au XVIIIe siècle. Paris 1983, S. 198.

5 Ursula Winter: „Metaphysik der Natur" und „würkende Kräfte". Kant und Émilie Du Châtelet, in: Hagengruber/Hecht (Hrsg.): Émilie Du Châtelet und die deutsche Aufklärung, S. 197–244, hier S. 197.

Ambitionen von Mann und Sohn. Die Voraussetzungen dafür hat ihr der Vater ermöglicht. Denn Louis Nicolas Le Tonnelier de Breteuil erkannte sehr früh, welch begabtes Kind er hatte, und förderte dies auch entsprechend. Die Familie de Breteuil zählte zum höfischen Adel und besetzte seit Generationen wichtige Ämter am Hof.

Émilie du Châtelet hatte das Glück, einen toleranten Gatten geehelicht zu haben. Denn wenige Männer der Aristokratie dieser Zeit hätten die Lebensbeziehung zu Voltaire in dem Maße toleriert, wie es Florent Claude du Châtelet tat. Männer pflegten Mätressen zu halten, Frauen war dies nur bedingt möglich. Zudem kam Gegenwind von der Kirche, die das Zusammenleben von nicht verheirateten Partnern nicht duldete. Bereits das Gerücht von Ehebruch oder Inzest reichte aus, dass ein Priester die Beteiligten denunzieren konnte, was eine Untersuchung und einen Prozess nach sich ziehen konnte. Der Ehebruch wurde der Frau angelastet, nicht dem Mann. Die Polygamie des Mannes wurde als natürlich und notwendig aufgefasst. Das Zusammenleben von Voltaire und Émilie in Cirey verstieß zweifellos gegen das Sakrament der Ehe. Gerade in den Kleinstädten stand die Bevölkerung unter strenger Beobachtung der Geistlichkeit, aber es war auch keine Frage, dass in den privilegierten Schichten ein Auge zugedrückt wurde.[6] Émilie hatte dem aber vorsorglich entgegengewirkt und eine offizielle Erlaubnis von den Behörden für die Beherbergung des Dichters aus Paris erbeten und erhalten.[7] Sie und Voltaire lebten in ihrer ungewöhnlichen, symbiotischen Gemeinschaft, und Florent Claude du Châtelet gestattete dem Liebespaar nicht nur den Rückzug in sein Schloss, sondern unterstützte die beiden, wo er konnte. Die Ehe der beiden du Châtelets kann als eine vorbildliche, von Toleranz geprägte Ehe gelten.

---

6 René Pomeau: Voltaire en son temps, Tome Premier 1694–1759. Paris 1995, S. 295.

7 Volker Reinhardt: Voltaire. Die Abenteuer der Freiheit. Eine Biographie. München 2022, S. 206.

EIN AUSSERGEWÖHNLICHES KIND

Eine Woche vor Heiligabend 1706 wurde dem Baron Louis Nicolas Le Tonnelier de Breteuil und seiner aus der Familie de Froulay stammenden Frau Gabrielle-Anne nach vier Söhnen eine Tochter geboren. Das Mädchen wurde auf den Namen Gabrielle Émilie getauft.

Baron Nicolas Le Tonnelier de Breteuil zählte nicht nur bereits als junger Mann zum engeren Kreis des Königs, sondern reiste auch in diplomatischen Diensten ins Ausland. Er profitierte von den langjährigen familiären Beziehungen zum Hof. Für Émilie sollte dies später noch von großer Bedeutung sein. Der Vater bekleidete am Versailler Hof Ludwigs XIV. die Position des „Introducteur des ambassadeurs et étrangers“, ihm oblag damit die Betreuung der dort agierenden ausländischen Diplomaten. Solch eine attraktive Position wurde nicht einfach vergeben, sondern üblicherweise gekauft. Wie andere derartige Ämter ließ der König sich auch dieses beim Erwerb teuer bezahlen, 120.000 Livres hatte der Baron dafür zu entrichten. Die Summe war allerdings gut angelegt, denn als er den Titel nach dem Tod des Sonnenkönigs 1715 verkaufte, brachte ihm das mit 250.000 Livres mehr als das Doppelte ein.

Dem gesellschaftlichen Rang des Vaters entsprach auch das Haus, das die Familie kurz vor der Geburt der Tochter bezogen hatte: das Hôtel Dangeau in der Pfarrgemeinde Saint-Roch an der Place

Royale, der heutigen Place des Vosges. Das Palais war eines der 36 mehrstöckigen Häuser, die sich um den quadratischen Platz gruppieren. Hier wohnten ausschließlich hochrangige Offiziere, Regierungsmitglieder und andere Höflinge. Die Anlage im Marais, unweit vom Hôtel de Ville und der Rue de Richelieu wurde zwischen 1605 und 1612 unter Heinrich IV. errichtet, als verantwortliche Architekten gelten Claude Chastillon und Louis Métezeau. Das 140 mal 140 Meter große Areal zählte zu den fünf königlichen Plätzen in Paris. Das Ensemble ist noch heute erhalten, die Fassaden aus rotem Backstein, die sogenannten „Brique-et-pierre-Fassaden", und die hohen Dachschrägen geben ihm seinen typischen Charakter. In der Nachbarschaft des Hauses der Breteuils lebte der Duc de Richelieu[1], der zu einem engen Freund Émilies werden sollte.

Émilies Vater war nicht das erste eng dem Hof verbundene Mitglied der Familie. Bereits sein Vater hatte dort eine Stellung eingenommen und unter anderem die Laufbahn von Jean Baptiste Colbert, dem späteren Finanzminister Ludwigs XIV., gefördert. Dessen weitere Söhne, Émilies Onkel, bekleideten gleichfalls hochrangige politische und militärische Positionen.

In Louis Nicolas setzte der König besonderes Vertrauen und übertrug ihm weitere diplomatische und repräsentative Aufgaben.[2] 1677 hatte er den Titel eines „Lecteur ordinaire du roi" erworben, der mit vielen Vorrechten verbunden war. So verfügte er schon mit 29 Jahren über einen engen Kontakt zum König und besaß auch das Privileg, am Lever, dem morgendlichen Zeremoniell im königlichen Schlafzimmer, an dem nur hochrangige Höflinge zugegen waren, teilzunehmen.[3]

---

1 Judith P. Zinsser: Émilie du Châtelet. Daring Genius of the Enlightenment. New York 2006, S. 21.

2 Florence Mauro: Émilie du Châtelet. Paris 2006, S. 9 und 18; auch Charlotte Simonin: Émilie du Châtelet et Françoise de Graffigny, in: Ulla Kölving/Olivier Courcelle (Hrsg.): Émilie du Châtelet. Éclairages et documents nouveaux. Ferney-Voltaire 2008, S. 61–83, hier S. 62.

3 Zinsser: Daring Genius, S. 16.

Vor der Ehe mit Gabrielle-Anne de Froulay, Émilies' Mutter, gab es zwei Frauen im Leben von Louis Nicolas, die für Geschwätz und Skandale in der Hofgesellschaft sorgten. Die Verbindung zu seiner Cousine Anne Lefèvre de Caumartin de Mormans stieß auf Widerstand bei Louis Nicolas' Eltern, weshalb die Hochzeit heimlich erfolgte. Die Heirat brachte ihm jedoch wenig Glück: Sie starb kurze Zeit nach der Hochzeit und der Geburt ihrer Tochter. Die spätere Beziehung zu der um einige Jahre jüngeren Anne Bellinzani, der Tochter eines italienischen Finanzmanns aus Mantua, sorgte ebenfalls für Gespräch am Hof.

Gabrielle-Anne de Froulay kam aus einer ebenfalls am Hof gut positionierten Familie. Sie war die jüngere Schwester der Frau eines Onkels von Louis Nicolas, Claude de Breteuil-Charmeaux. Ihr Vater, Comte de Froulay, war „Grand maréchal des logis de l'armee du roi". Die Comtesse de Froulay zählte zu den vier bis fünf Kammerfrauen der Königin. Zum Zeitpunkt der Hochzeit am 16. April 1697 war Louis Nicolas 48 Jahre alt - er war am 14. September 1648 geboren - und Anne 27. Émilies Mutter galt als schön und bescheiden. Gemäß den Memoiren der Marquise de Créqui, der Cousine Émilies, Renée-Caroline-Victoire de Froulay, war sie von diskretem Charakter und strahlte stets mit einem taktvollen Lächeln. Sie war aber auch belesen und besonders interessiert an theologischer und astronomischer Literatur.[4] Über ihre Urgroßmutter mütterlicherseits, Madame de Neuillant, war Émilie bereits mit dem Hof in Versailles in Berührung gekommen: Sie war die Erzieherin, Beraterin und lebenslange Freundin von Françoise d'Aubigné, der Witwe des Dichters Scarron, und Lehrerin der illegitimen Kinder Ludwigs XIV. gewesen. D'Aubigné stand in enger Beziehung zu Ludwig XIV. und ging unter dem Namen Madame de Maintenon in die Geschichte ein.[5]

---

4 Ebd., S. 16ff.

5 Françoise d'Aubigné, verheiratete Madame Scarron, ab 1688 Marquise de Maintenon, genannt Madame de Maintenon (geboren am 27.

Das Paar bekam insgesamt sechs Kinder, von denen nur zwei Söhne und eine Tochter – Émilie – überlebten. Die Geburt des ältesten Sohnes René Alexandre 1698 wirkte sich begünstigend auf die Stellung von Louis Nicolas bei Hofe aus, allerdings verstarb der Sohn früh. Neben Émilie überlebten die beiden anderen Brüder: Louis Charles Auguste de Breteuil schlug standesgemäß die militärische Laufbahn ein, sein Sohn wurde Minister unter Ludwig XVI. Eine engere Beziehung verband sie mit ihrem Bruder Abbé Élisabeth-Théodore de Breteuil, der häufig zu Gast in Cirey war.

Mit dem Tod Ludwigs XIV. 1715 verlagerte sich das höfische Leben wieder von Versailles nach Paris. Dies war die Zeit der Regentschaft des Duc d'Orleans, der bis zur Volljährigkeit von Ludwig XV. regierte. So konzentrierte sich auch das gesellschaftliche und kulturelle Leben wieder mehr in Paris: im Palais Royal, im Palais des Tuileries , im Theater und in der Oper.

Unweit von diesem gesellschaftlichen Zentrum entfernt, an der Place Royale, lebte nun in einem geräumigen, vierstöckigen Palais nicht nur die engere Familie de Breteuil, sondern auch weitere Familienangehörige wohnten dort: etwa die Comtesse de Breteuil-Charmeaux, eine Tante von Émilie, der Kommandeur Breteuil-Chanteclerc und der Bischof von Rennes, Auguste de Breteuil-Conti, die in dem zweiten und dritten Geschoss logierten. Die Eltern bewohnten die erste Etage und die Kinder – weit genug entfernt – hatten ihre Zimmer in der obersten Etage. Alle Räume waren gemäß Stand und Geschmack der Zeit eingerichtet. Die Gemälde im Esszimmer unterstrichen die gesellschaftliche Position der Familie: Neben einem Porträt von Heinrich IV. gab es drei Frauenporträts, darunter eines der Prinzessin de Conti. Ein weiteres

---

November 1635 in Niort; gestorben am 15. April 1719 in Saint-Cyr-l'École); Samuel Edwards: Die göttliche Geliebte. Voltaire und Émilie du Châtelet. Stuttgart 1971, S. 8. Edwards liefert leider keine Belege und ist damit eine unsichere Quelle; er zitiert nur aus wenigen Briefen direkt.

Gemälde zeigte eine „Audienz von Gesandten bei Ludwig XIV.", was die berufliche Aufgabe des Barons versinnbildlichte.[6]

Neben dem Stadtpalais besaß die Familie einen Landsitz, wie es für die adlige Gesellschaft üblich war. Dieser lag in Preuilly-sur-Claise, im heutigen Département Indre-et-Loire in der Region Centre-Val de Loire, dem äußersten Westen der Tourraine. Louis Nicolas hatte ihn 1699 für 378.000 Livres erworben. Dieser Kauf verschaffte ihm nicht nur Einnahmen aus Eisenschmieden und Kohleverbrennung, sondern auch den Titel Baron de Tourraine.[7]

Ab dem Alter von vier oder fünf Jahren wurde Émilie zunächst von einer Gouvernante unterrichtet, die ihr das erste Basiswissen in Schreiben, Lesen und einfacher Mathematik bzw. Arithmetik beibrachte. Zum Tagesablauf zählte vor dem einfachen Mittagessen, zu dem in der Regel Suppe, Brot und Käse serviert wurden, der Besuch der hauseigenen Kapelle gemeinsam mit der Mutter und den Geschwistern. Am Nachmittag kam dann ein Hauslehrer für den weiteren Unterricht. Die Erziehung umfasste nicht allein die Vermittlung von Wissen, sondern auch des richtigen Umgangs miteinander und vor allem innerhalb der Gesellschaft. Jedes Wort, jede Handlung hatte zu zeigen, welchem Stand man angehörte. So lernten die Kinder von frühester Kindheit an, dass die Gesellschaft streng hierarchisch geordnet war und sie sich entsprechend dem Rang der Familie verhalten mussten.[8]

Émilies Eltern besaßen in ihren Wohnungen umfangreiche Bibliotheken, die bestückt waren mit der zeitgenössischen französischen Literatur, darunter Corneille und Racine, bekannten Einzelwerken wie die Fabeln von La Fontaine oder die Essais von Montaigne, darüber hinaus mit römischen Klassikern wie Vergil, Horaz, Cicero und Ovid. So kam die Tochter früh mit Literatur in Berührung.[9]

---

6 Mauro: Émilie du Châtelet, S. 13.

7 Zinsser: Daring Genius, S. 22.

8 Ebd., S. 23ff.

9 Ebd., S. 29f.

Gemäß der klassischen standesgemäßen Erziehung und Bildung erhielt Émilie Unterricht in Kunst, Konversation, Tanz und Musik. Für die angemessene Konversation in der Gesellschaft war es aber auch notwendig, grundlegende Kenntnisse in Philosophie, Literatur und Wissenschaften wie Geographie, Geometrie und Astronomie zu erhalten. Ebenso zählte das Erlernen mehrerer Fremdsprachen zur Ausbildung; zum Sprachunterricht von Émilie zählten Spanisch und Englisch. Latein und Griechisch waren obligat.[10] Der Latein-Unterricht, der möglicherweise durch den Vater erfolgte, brachte sie rasch dazu, die schönsten Stücke von Horaz, Vergil und Lukrez auswendig zu beherrschen. Auch waren ihr die philosophischen Werke Ciceros vertraut.[11]

Wie bei anderen Kindern adliger Familien erfolgte die Erziehung in Unterrichtsstunden zu Hause gemeinsam mit den Geschwistern. So wurde Émilie zusammen mit ihrem jüngeren Bruder Élisabeth-Théodore (1710–1781) im elterlichen Haus unterrichtet. Élisabeth-Théodore sollte Geistlicher werden.[12] Die beiden älteren Brüder hatten das Haus an der Place Royale bereits verlassen. Als Émilie 15 oder 16 Jahre alt war, verließ auch ihr jüngerer Bruder das Haus der Eltern. Damit endete schließlich der Hausunterricht und es begann die Zeit ihres autodidaktischen Lernens.[13]

Émilie schien sich schnell über den Durchschnitt ihres Alters hinaus gebildet zu haben. Denn ihre Kenntnisse entsprachen dem Niveau der jungen Männer ihres Alters, die auf dieser Stufe Zugang zur damaligen Gelehrten- und Wissenschaftswelt erhielten.[14] Im frü-

---

10 Frauke Böttcher: Das mathematische und naturphilosophische Lernen der Marquise du Châtelet (1706–1749). Wissenszugänge einer Frau im 18. Jahrhundert. Frankfurt am Main 2013, S. 16 und 18.

11 Böttcher: Lernen, S. 40.

12 Ebd., S. 19.

13 Ebd., S. 53; siehe auch René Vaillot: Madame du Châtelet. Paris 1978, S. 30; Élisabeth Badinter: Émilie, Émilie, l'ambition feminine. Paris 1983 (2006), S. 67.

14 Böttcher: Lernen, S. 14.

hen Lernen von Émilie verknüpfte sich das Motiv der Bildung mit dem Wunsch nach einem glücklichen, unabhängigen und emanzipierten Leben, wie sie später in ihrer *Rede zum Glück* schreiben sollte. Denn die Beschäftigung mit geistigen und wissenschaftlichen Dingen befähige den Menschen, besonders aber die Frauen, Unabhängigkeit von anderen zu erlangen und ein glückliches Leben zu führen.[15] Es ist unwahrscheinlich, dass das junge adlige Mädchen schon in diesen Jahren eine Vorstellung von Glück und Emanzipation hatte. Es ist naheliegender, dass sich bei der jungen Émilie ganz einfach ein stark ausgeprägtes Bildungs- und Wissenschaftsinteresse zeigte. Ihr lag es an der Sache an sich, sie war wissenshungrig und wollte dieses Desiderat befriedigen.

Prägend für die Erziehung und Bildung im Hause der Breteuils waren das Bewusstsein und der Anspruch der Eltern. Die Familie zählte zum französischen höfischen Adel und pflegte dementsprechend enge Beziehungen zum Hof. Die Eltern legten aber nicht nur großen Wert auf eine standesgemäße Erziehung ihrer Kinder, sondern öffneten ihnen auch die Tür zur intellektuellen Welt ihrer Zeit. Sie wählten die Lehrer sorgfältig aus und gestatteten den Kindern früh den Zugang zu ihrer umfangreichen Bibliothek. Auch die Teilnahme am Salon der Eltern, in dem bedeutende Gelehrte verkehrten, war eine Voraussetzung für die außergewöhnliche Bildung im Hause der Breteuils.[16] Schon früh kam Émilie daher mit Bekannten und Freunden ihrer Eltern in Berührung. Im Salon der Breteuils verkehrten Höflinge wie der Herzog von Saint-Simon oder der Marquis de Dangeau. Aber auch Intellektuelle und Gelehrte waren zu Gast an der Place Royale, darunter Mitglieder der Académie française oder der Académie royale des sciences.[17]

Der väterliche Freund Bernard le Bovier de Fontenelle (1657–

15 Zitat „Rede vom Glück" 1999, S. 36f.; siehe auch Böttcher: Lernen, S. 15.

16 Böttcher: Lernen, S. 19.

17 Zinsser: Daring Genius, S. 31.

1757), der bedeutende französische Frühaufklärer und „Secrétaire perpétuel" der Pariser Akademie der Wissenschaften in den Jahren von 1697 bis 1740, spielte bei diesen ersten Begegnungen mit Gelehrten eine besondere Rolle für das junge Mädchen. Bekannt war er u.a. wegen seines populären Lehrbuchs zur cartesianischen Himmelsmechanik. Dieses Buch, *Entretiens sur la Pluralité des Mondes* (1686), hatte Émilie angeblich bereits als Elfjährige gelesen. Das erfolgreiche Buch gilt als ein Prototyp der populären und unterhaltenden Lehrbücher der Naturphilosophie und Naturwissenschaften.[18] Die neue populäre Form zeigte sich bei den *Entretiens* in dem fiktiven Dialog eines gebildeten Mannes mit einer adligen Frau und ihrer Tochter während eines Spaziergangs im Park. Der Dialog dreht sich um das astronomische Wissen von Nikolaus Kopernikus, Galileo Galilei, Johannes Kepler sowie René Descartes. Von der katholischen Kirche auf den Index gesetzt, war es dennoch eines der erfolgreichsten Bücher der Zeit und wurde mehrfach neu aufgelegt. Fontenelle zeigte mit diesem Werk seine Nähe zu Descartes, an dem er auch noch festhielt, als dessen Theorien durch Newtons Arbeiten überholt wurden. Der Akademiker besuchte die Breteuils häufig nach den mittwöchentlichen Akademiesitzungen. Im Salon der Eltern plauderte Émilie mit dem Gelehrten über das Buch. Aber auch Themen der Astronomie und Naturphilosophie im Allgemeinen waren Gesprächsstoff. Bei aller außergewöhnlichen Begabung der jungen Émilie muss man annehmen, dass diese wissenschaftlichen Gespräche noch nicht auf gleicher Augenhöhe verliefen. Fontenelle versorgte das wissbegierige Mädchen mit weiterer Lektüre wie den astronomischen Mitteilungen der Pariser Akademie der Wissenschaften, in denen sie die Berichte über die neuesten Entdeckungen und Erkenntnisse las.[19]

---

18 Böttcher: Lernen, S. 54.

19 Ebd., S. 53f.

Die Rolle des Vaters bei der Erziehung wird in der Literatur unterschiedlich bewertet. Neben der Auffassung, dass er seiner Tochter den Weg zur Mathematik und den Naturwissenschaften bereitet habe, sehen dies Biographinnen wie Judith Zinsser als unwahrscheinlich an, da er aufgrund seiner Verpflichtungen am Hof von Versailles schlicht nicht die Zeit für die Unterrichtung seiner Tochter gehabt haben dürfte.[20] Dagegen könnte auch die Mutter ein gewisses Vorbild in intellektueller Hinsicht gewesen sein. Sie wird als strenge und disziplinierte Frau beschrieben.[21] Auch die Cousine von Émilie, Madame de Créqui, beschreibt sie in ihren Erinnerungen als außergewöhnlich gebildete Frau, die sich für Astronomie und Theologie interessierte.[22] Nur eine kurze Zeit verbrachte Émilie während ihrer Kindheit im Kloster. Es ist zu vermuten, dass sie dort auf die Heilige Kommunion vorbereitet werden sollte wie viele junge Aristokratinnen, die allein zu diesem Zweck ein Kloster besuchten. Ihre Cousine dagegen blieb viele Jahre im klösterlichen Pensionat.[23]

Förderlich für Émilies Wissens- und Bildungshunger war zudem das gesellschaftliche Klima der Zeit. In der aristokratisch-höfischen Gesellschaft formierte sich im 17. Jahrhundert ein neues Bildungsideal. Zwar sollte die Lektüre noch unterhaltsam und vergnüglich sein, zunehmend stieg aber auch das Interesse an „ernsthaften" Wissenschaften wie Mathematik und Naturphilosophie. Die Kenntnis von der Welt (Geographie), Welterkenntnis (Naturphilosophie) und mathematisches Grundwissen (Geometrie) zählten mehr und mehr zum Bildungsprogramm.[24] Mathematik galt sogar als Zeitvertreib der gebildeten Aristokratie. Man nahm entweder Privatunterricht oder erwarb sich die Kenntnisse im Selbststudium. Selbst in den

20 Ebd., S. 23.

21 Badinter: Émilie, Émilie, S. 48 und 52

22 Créqui, 1834, Kapitel 3, zitiert nach Böttcher: Lernen, S. 25.

23 Böttcher: Lernen, S. 27.

24 Ebd., S. 31.

Salons und bei Gesellschaften stand das mathematische Gespräch auf der Agenda.[25]

Mit der Heirat und dem Umzug nach Semur im Jahr 1725 änderten sich die Möglichkeiten der Bildung, wie sie im Elternhaus in Paris gegeben waren. Aber auch in ihrem neuen Zuhause in Lothringen fand Émilie schnell intellektuellen Austausch. So schloss sie dort beispielsweise Bekanntschaft mit dem Akademiker Muguet de Mézières sowie Marie-Victoire Éleonore de Sayve de Thil (1690–1777). De Thil, mit dem sie eine lange Freundschaft verband, war ebenso wie Émilie mathematisch gebildet und interessiert. Von ihm erhielt sie die Geometriebücher, an die sie in der lothringischen Provinz nicht so schnell herankam wie in Paris. Auch war er für sie ein anregender Diskussionspartner, was die Schriften Descartes betraf.[26]

25 Ebd., S. 48.
26 Ebd., S. 74.

HEIRAT UND FRÜHE EHEJAHRE

Bevor Émilie heiratete, kannte sie lediglich den Namen ihres Mannes - Florent Claude Marquis du Châtelet-Lomont -, seine Vorfahren und damit ihren künftigen Platz in der Gesellschaft. Florent Claude stammte aus altem lothringischem Adel. Er war ein Nachfahre der Linien Ligniville, Lenoncourt, Haraucourt und der „Quatre chevaux de Lorraine", der Kavallerie, die Godefroy de Boullion bei den Kreuzzügen ins Heilige Land begleitet hatte.[1] Émilie gehörte nun nicht nur durch ihre Familie, sondern verstärkt noch durch die Familie ihres Mannes zur höfischen Gesellschaft in Versailles. Während Émilies Vater der „Noblesse de robe", dem Amtsadel, angehörte und sich allmählich am Hof von Versailles zu einer gehobenen Stelle emporgearbeitet hatte, zählte die Familie du Châtelet zum Schwertadel, der „Noblesse d'épée". Florent Claude genoss die Privilegien durch Geburt.[2]

Florent Claude wurde 1695 geboren, war also elf Jahre älter als Émilie. Mit 17 trat er als Kadett in das Regiment der königlichen Musketiere ein. Erste Erfolge verzeichnete er in den Landauer und Freiburger Feldzügen 1713. In Paris besaß er, neben weiteren Schlössern, das Hôtel du Châtelet. In der äußeren Erscheinung war er ein schwergewichtiger Mann mit rötlichem Gesicht, der gern aß und trank. Seine damaligen und später außerehelichen Beziehungen

1 Simone Mazauric: En passant par la Lorraine, in: Kölving/Courcelle (Hrsg.): du Châtelet, S. 93–98, hier S. 94.

2 Zinsser: Daring Genius, S. 33.

pflegte er zu jungen Frauen aus dem Bürgertum.[3] Sehr wahrscheinlich hatte Émilies Vater Louis Nicolas die Ehe arrangiert. Denn er begegnete Florent du Châtelet, dem Vater Florent Claudes, häufig am Hof von Versailles. Dieser hatte sich bei militärischen Einsätzen einen guten Ruf beim König erworben, insbesondere als „Commandant de l'ordre militaire de Saint-Louis". Florent hatte neben dem 1695 geborenen Florent Claude zwei weitere Söhne und drei Töchter.

Die kirchliche Vermählung von Émilie und Florent Claude fand am 12. Juni 1725 in Paris in der Kathedrale Notre-Dame statt. Niemand Geringeres als der Bischof de Bourbon, einer der höchst gestellten Geistlichen in Frankreich, gab dem Paar den göttlichen Segen. Das Orchester war eigens aus Versailles angereist. In Semur, der Hauptstadt von Auxois, wo Florent Claude die Landesherrschaft von seinem Vater übernommen hatte, wurde das junge Paar dann am 27. September 1725 feierlich empfangen und mit einem Ball und Feuerwerk sowie der festlich dekorierten Stadt gewürdigt. Émilie und Florent Claude lebten nach der Hochzeitszeremonie in Semur.[4]

Florent Claude entschied sich für die militärische Karriere. Allein durch die Stellung seiner Familie standen ihm die höchsten Ränge der Kavallerie, der Infanterie oder der Seemacht offen. Sein Bruder und er entschlossen sich für das königliche Heer und wurden Musketiere. Er trat seine Dienste noch während der letzten Jahre von Ludwig XIV. an. Im Anschluss an die Laufbahn als Musketier wurde er Lieutenant der Infanterie. Zum Zeitpunkt seines Rückzugs aus den aktiven Diensten war er einer der elf Kommandeure der königlichen Armee. Ebenso wie sein Vater erhielt er die höchsten Auszeichnungen des damaligen königlichen Frankreichs, das Saint-Louis-Kreuz und das Große Saint-Louis-Kreuz.[5] Sein offizieller Titel lautete 1737: Florent Claude Marquis du Châtelet, Bri-

3 Edwards: Göttliche Geliebte, S. 19 und 24.

4 Zinsser: Daring Genius, S. 35.

5 Ebd., S. 33 und 36.

gadier des armées du Roy Collonnel du Ri(e)giment d'Henault, chevalier de l'ordre millitaire St. Louis. Ab 1738 führte er zudem den Titel Baron et Seigneur de Cirey.[6] Seine Stellung innerhalb des Adels war gehoben, aber Vermögen brachte Florent Claude angeblich nicht mit in die Ehe;[7] allerdings ein Juwel, das für Émilie von großer Bedeutung werden sollte, das Schlösschen Cirey in der südlichen Champagne, das zumindest Einnahmen aus Land- und Forstwirtschaft einbrachte.

Von der Ehe hatten beide keinerlei romantische Erwartungen. Es war eine traditionelle Verheiratung, keine Liebesheirat. Aber die Ehe war geprägt von gegenseitigem Respekt, dem Nachgehen der gemeinsamen Pflichten und großer Toleranz. Denn insbesondere gegenüber Voltaire, dem späteren Liebhaber und Lebenspartner seiner Frau, zeigte der Marquis du Châtelet große Toleranz, ja Freundschaft. Er setzte sich immer wieder für den Dichter ein, brachte Voltaires Manuskripte zu Verlegern, wenn dieser es selbst nicht organisieren konnte, und unterstützte ihn in einer Angelegenheit gegenüber dem Minister Kardinal de Fleury.

Es waren allerdings nur wenige Jahre, von 1725 bis 1733, die das junge Ehepaar wirklich gemeinsam verbrachte. Ab 1733, dem Beginn des Polnischen Thronfolgekriegs (1733–1738), zog Florent Claude immer wieder für längere Phasen zu seinen militärischen Einsätzen an die Front. Zwischen 1733 und 1735 sowie 1740 und 1748 kämpfte er mit seiner königlichen Armee in den Gebieten Rheinland, Böhmen, Elsass und Flandern. In Friedenszeiten war er damit beschäftigt, seine Ländereien und Besitzungen in Lothringen zu verwalten, Land zu kaufen oder über Anleihen zu verhandeln. Wenn er sich nicht zu Hause in der Champagne aufhielt, unternahm er Reisen an die Höfe von Versailles und Fontainebleau oder an die lothringischen Höfe Nancy und Lunéville. Diese ersten Ehe-

6 Archives départementale de la Haute-Marne, ADHM 100 J 470 und ADHM 100 J 471.

7 Zinsser, Daring Genius, S. 34

jahre waren aber auch geprägt von einigen Familienangelegenheiten. Zwei Sterbefälle erschütterten die junge Marquise: Ihr Bruder René Alexandre, der Erbe von Titel und Besitz, starb 1720 im Alter von nur 22 Jahren. Der andere Bruder, Charles Auguste, verstarb kurz nach der Geburt eines Sohnes 1731.[8]

In den ersten Ehejahren, bevor Florent Claude für längere Zeiten in den Krieg ziehen musste, kamen die Kinder der beiden zur Welt: Gabrielle Pauline wurde am 30. Juni 1726 geboren, auf sie folgte am 20. November 1727 Louis Marie Florent, als ältester Sohn der Erbprinz, und dann schließlich am 11. April 1733 Victor Esprit, der bereits nach einem Jahr 1734 starb. Gabrielle Pauline heiratete später in alten neapolitanischen Adel ein. Die Familie ihres Mannes Alfonso Graf von Montenero Carafa stellte im 16. Jahrhundert einen Papst. Louis Florent wurde ab seinem achten Lebensjahr durch den Abbé Michel Linant unterrichtet und begann dann eine ansehnliche Karriere, die ihn über militärische Positionen und eine Botschafterstellung in England in den 1780er Jahren schließlich zum Berater Ludwigs XVI. in seinen letzten Jahren führte.[9] Er verstarb am 13. Dezember 1793 unter der Guillotine. Mit ihm erlosch die Namenslinie der du Châtelet.

Neben ihrem Schloss in Semur wohnte die junge Familie bei Aufenthalten in Paris im Palais Breteuil an der Place Royale oder im Haus des Cousins von Florent Claude, dem Marquis du Châtelet-Clermont. Über ihn führte die Verbindung zum Duc de Richelieu, dessen Schwester die Gemahlin von du Châtelet-Clermont war. Erst Ende 1739 kauften Émilie und Florent Claude ein eigenes Haus in Paris in der Rue Traversière-Saint-Honoré, im Stil des traditionellen Hôtel particulier, das in U-Form um einen Hof gebaut und mit einem Tor zur Straße abgesichert war. Sie hielten sich auch in Paris ihre Bediensteten – Köche, Kammerfrauen, Lakaien –, denen zunächst Joachim François Pierre de la Croix als „intendant

8 Zinsser: Daring Genius, S. 37f.

9 Ebd., S. 39ff. und 58.

de la maison“ vorstand, in den späteren 1740er Jahren war es das Ehepaar Marguerite sowie Louis la Font. In diesen Jahren stand der Marquise auch Sébastien Longchamp zur Seite, der Kammerdiener von Voltaire.[10]

Émilie legte großen Wert auf ihr Äußeres. Sie kleidete sich nach dem Stil der Zeit, wie es die Gemälde von ihr zeigen. Die Stoffe, Kleider und Accessoires fand sie in dem Viertel rund um Louvre, Palais Royal und Tuilérien. Zwei oder sogar vier Lakaien trugen sie in einer Sänfte zu ihren Parfümerien und Lieblingsboutiquen wie Du Lac oder Vigier. Auch die Ausstattung ihrer Wohnung war der jungen Marquise ein wichtiges Anliegen. Besonders für Porzellan und Möbel gab sie hohe Summen aus. Bei vertrauten Händlern wie L'Empereur oder Hébert kaufte sie chinesisches und japanisches Porzellan. Auch ein Meissner Service und ein „Porcelaine de saxe“ hatte sie erstanden.[11]

Während der ersten Ehejahre und in den 1730er Jahren gehörten Émilie und Florent Claude noch nicht dem engeren Kreis von Höflingen in Versailles an, wie es beim Vater Breteuil der Fall war. Aber in dieser Zeit hatten sie bereits Zutritt zum Versailler Schloss sowie anderen Palais und besuchten Konzerte, Theateraufführungen und Feste. Sie trafen Freunde und Bekannte in dem königlichen Theater im Palais Royal, in der Comédie-Française und der Comédie-Italienne. Am Nachmittag sah man Émilie häufig mit Freundinnen wie der Madame de Saint Pierre im Jardin des Plantes, dem damaligen Jardin du Roi, oder im Botanischen Garten spazieren gehen.[12]

Natürlich spielten auch die Pariser Salons eine große Rolle im gesellschaftlichen Leben des jungen Paares. Émilie besuchte vor allem den Salon de Brancas, ein Haus, in dem sich der literarisch und philosophisch gebildete Adel traf. Dort traf sie auch Fontenelle wieder und machte Bekanntschaft mit vielen Gelehrten und späte-

---

10 Ebd., S. 43ff.
11 Ebd., S. 53.
12 Ebd., S. 55f.

ren Freunden. Neben Voltaire und Maupertuis verkehrten dort auch Wissenschaftler und Mathematiker wie La Condamine, Algarotti und Helvétius.[13]

Der Tod des Schwiegervaters du Châtelet 1732 brachte Florent Claude den Titel und das Erbe ein.[14] Was die finanzielle Situation betraf, so war Émilie von ihrer Familie mit mehr Vermögen ausgestattet, als sie nun von den Châtelets erwarten konnte.[15]

---

13 Böttcher: Lernen, S. 82.

14 Zinsser: Daring Genius, S. 58.

15 Jean Orieux: Das Leben des Voltaire. Frankfurt am Main 1994, S. 200.

DIE LEBENSLIEBE – VOLTAIRE

Seit 1714 war Voltaire, einer der aufstrebenden Philosophen und Schriftsteller seiner Zeit, immer wieder im Pariser Haus von Louis Nicolas Le Tonnelier de Breteuil zu Besuch gewesen. Kennengelernt hatten sich beide Männer in jenem Jahr im Château de Saint-Ange von Urbain de Caumartin, einem Cousin von Émilies Vater. 1717 war Voltaire dann häufig auch auf dem Landsitz der Breteuils in Preuilly zu Gast. Der Baron de Breteuil war es auch, der sich für Voltaires Befreiung aus der Bastille eingesetzt hatte, nachdem dieser im Mai 1717 wegen eines satirischen Gedichts gegen die Herzogin von Berry, der Tochter von Philipp d'Orléans, verhaftet worden war.[1] Dank der Fürsprache von Breteuil und dessen Cousin Caumartin kam Voltaire wieder frei und fand zunächst im Schloss von Caumartin ein vorübergehendes Exil.[2] Voltaire konnte sich damals schon von der außergewöhnlichen Begabung der elfjährigen Tochter von Louis Nicolas überzeugen. Auch wenn sie bei den Gesprächen nicht anwesend war, so war sie oft Gegenstand derselben. Diese Gespräche drehten sich häufig auch um Jean-Baptiste Rousseau, zu der Zeit Protegé von Louis Nicolas, mit dem aber Voltaire einen langjährigen Streit austrug.[3]

---

1 Ebd.

2 Zinsser: Daring Genius, S. 84.

3 Mauro: Émilie du Châtelet, S. 16.

Abb. 1: Voltaire

Die für die Zukunft von Voltaire und Émilie bestimmende Begegnung erfolgte 16 Jahre später. Im April 1733 wurde in Paris *L'Empire de l'amour,* eine Oper von François Augustin de Moncrif, aufgeführt. Mit dem Komponisten Moncrif stand Voltaire zu dieser Zeit in engerem Kontakt. Sie verabredeten sich regelmäßig und tauschten sich im April 1733 insbesondere über Moncrifs Oper *Temple du goût* aus.[4] Unter den Zuhörern befand sich Voltaire in Begleitung von Dumas d'Aigueberre.[5] Beide suchten die Loge der Madame de Saint-Pierre auf. Beim Betreten der Loge trafen sie ihre Freundin nicht allein an, sondern in Gesellschaft einer jun-

4 Zum Beispiel im Brief von Voltaire an François Augustin de Moncrif, 5. April 1733; Voltaire, Correspondence, Vol. III, Brief 567, S. 47 und Brief 581, S. 60f.

5 Mauro: Émilie du Châtelet, S. 37f.; auch Zinsser weist auf diese Version hin, S. 63; bei Badinter ist es der Comte de Forcalquier, S. 228.

gen Dame, der Marquise du Châtelet. Voltaire fühlte sich gleich sehr angezogen von Émilie, die er als junges Mädchen bei ihrem Vater zuletzt gesehen hatte. Auch Émilie war von dem 38-jährigen jungenhaften und eloquenten Dichter fasziniert.[6]

Dieser Begegnung in der Oper folgten weitere Treffen, und wahrscheinlich wurden sie im Sommer 1733 ein Liebespaar. Voltaire drückte seine Beeindruckung in einem Brief an Marguerite Thérèse Colbert, Duchesse de Saint-Pierre, im Juli 1733 in einem Brief aus: „Die charmanten Briefe, die Sie, Madame, geschrieben haben, [...] vermitteln mir eine furiose Lust, Ihnen zu schreiben. Aber ich wage es nicht mehr in Prosa zu schreiben, seit dem Moment, als ich Sie und Ihre Freundin gesehen habe."[7] Nach der Darstellung des Voltaire-Biographen Jean Orieux erfolgte die entscheidende Wiederbegegnung zwischen dem Dichter und der Marquise bei einem Abendessen in Voltaires Wohnung, zu dem Forcalquier und die Duchesse de Saint-Pierre auf dem Weg waren – und als Überraschung – Émilie mitbrachten. Forcalquier und Saint-Pierre waren ein Liebespaar. Und von diesem Abend und einem weiteren Abendessen in einem Gasthof in Charonne an sei auch das neue Liebespaar, Émilie und Voltaire, unzertrennlich gewesen.[8]

Bereits kurz nach der Begegnung im Frühjahr 1733 schrieb Voltaire das folgende Gedicht: „Wer anderes als Sie, meine teure Uranie, versteht es, die Erde zu vermessen, in den Himmeln zu lesen und Ihrem Genie zu unterwerfen; es ist das, was die Liebe der Macht Ihrer Augen unterwirft, das was ich liebe, gleicht dem Universum, die Liebe ist das Thema und die Seele meiner Verse":

---

6 Badinter: Émilie, S. 228f.

7 Voltaire, Correspondence, Vol. III, Brief 612, S. 105. Das muss nach der ersten Begegnung beider in der Loge während der Aufführung von Moncrif gewesen sein; leider ohne genaue Datumsangabe, wahrscheinlich ist es der 9. Juli.

8 Orieux: Voltaire, S. 199.

Qu'un autre vous enseigne, ô ma chère Uranie,
À mesurer la terre, à lire dans les cieux,
Et soumette à vortre génie
Ce que l'amour soumet au pouvoir de vos yeux.[…]
Ce que j'aime est mon univers […]
Et l'amour le sujet et l'âme de mes vers.

Ecoutez ses leçons; du pays des chimères
Souffrez qu'il vous conduise au pays des désirs […]
Quoi! De si belles mains pour toucher un compas […]
Non la main de Vénus est faite
Pour toucher le luth des amours […]
Laissez donc là tous les systèmes […]
Jouissez au lieu de connaître.[9]

Ein weiteres poetisches Zeugnis der Verliebtheit Voltaires ist ein Gedicht, das er am 14. August in einen Brief an seinen Freund Cideville setzte[10] und in dem sich seine Bewunderung für den Verstand und die Intelligenz Émilies ausdrückt:

Je l'adore comme les Dieux […]
Elle est belle et sait être amie,
Elle a de l'imagination
Toujours juste et toujours fleurie.
Sa vive et sublime raison
Quelquefois a trop de saillie […]
Elle a je vous jure un génie
Digne d'Horace et de Newton

9 Voltaire: Seconde épitre à Uranie, 1734, zitiert nach Badinter: Émilie, S. 235f.

10 Zitiert nach Badinter: Émilie, S. 232. Pierre-Robert Le Cornier de Cideville (1693 – 1776) war Magistrat, Literat und Mitbegründer der Akademie von Rouen.

Et n'en passe pas moins sa vie
Avec le monde qui l'ennuie,
Et les banquiers de Pharaon.

Ich bewundere sie wie die Götter
Sie ist schön und versteht es, ein Freund zu sein
Sie hat Vorstellungskraft
Immer gerecht und – immer voller Blüte
Ihr lebhafter und erhabener Verstand
mit manchmal zuviel Überschwang
Ich versichere Ihnen, Sie ist ein Genie
Das eines Horaz und Newton würdig ist
Die ihr Leben nicht mit der Welt verbringt
Die sie langweilt
Und den Bankiers des Pharao

Dem gemeinsamen Freund Aldonce de Sade, dem Onkel des berühmten Marquis de Sade, gestand Voltaire kurze Zeit später, am 29. August, dass er nichts mehr unternehmen könne, ohne ihre Befehle und dass es unmöglich sei, sich ihr zu verweigern. Sie sei tyrannisch, man müsse ihr den Hof machen, mit ihr über Metaphysik sprechen, wo man doch nur über die Liebe reden will. Émilie brachte Voltaire nicht sofort die gleiche Leidenschaft entgegen, wie er ihr gegenüber empfand. Er beklagte sich, dass die „Göttliche" ihren Honig nach Versailles trage, während er allein in Paris bleiben müsse. Noch war die Marquise du Châtelet ganz in das gesellschaftliche Geflecht eingebunden, das mit Festen und Empfängen in Versailles und Fontainebleau verbunden war.[11]

In den ersten Monaten nach der Begegnung in der Opernloge besuchten sie sich gegenseitig, entweder in der Wohnung von Voltaire oder im Haus du Châtelet. Zusammen mit ihren gemeinsamen Freunden Forcalquier und der Duchesse de Saint-Pierre sahen sie

11 Ebd., S. 233.

sich Opernaufführungen an. Das junge Liebespaar versteckte sich nicht. Trotz der Ehe mit dem Marquis du Châtelet zeigten sich Émilie und Voltaire in der Pariser Öffentlichkeit und reisten am 2. April 1734 gemeinsam zur Hochzeit des Duc de Richelieu nach Montjou nahe Auton.[12]

Voltaires Briefe aus den Jahren 1733 und 1734 sind voll vom Ausdruck starker Gefühle. Diese ersten Zeichen der Intimität im Sommer 1733 waren Teil des Hofierens um Émilie. Voltaire bewunderte Émilie, und sie bewunderte ihn und seine Arbeit. Sie lasen in dieser Zeit gemeinsam Locke, arbeiteten über englische und französische Philosophen und Mathematiker wie Samuel Clarke und Malebranche. Im November 1733 schilderte er dem Abbé de Sade, wie sehr er Émilies rasche Auffassungsgabe und Lerneifer schätze, in nur 15 Tagen habe sie Englisch gelernt und nach nur fünf Stunden habe sie die neue Sprache fließend lesen können.[13] Im Juni 1734 schrieb er an Formont[14], dass es in Paris eine Dame gebe, die die Männer in Vorstellungskraft und Verstand überbiete und eine Menge wisse.[15]

Voltaire war unzweifelhaft von der außergewöhnlichen Intelligenz der jungen Marquise angezogen. Spielte auch das Äußere eine Rolle? Die Porträts, die von Émilie erhalten sind, zeigen eine Frau in üblicher farbenfroher Robe der Zeit, mit grau gepuderten und aufgesteckten Haaren, dezent geschminkt. Émilie putzte sich gerne heraus – mit Schmuck, Bändern, Flitterkram – und war stark geschminkt.[16] Ein boshaftes Porträt einer Zeitgenossin, das der Madame du Deffand, schildert sie wie folgt: „Stellen Sie sich eine große, dürre Frau vor, ohne Hüften, mit schmalem Oberkörper, derben Armen, derben Beinen, riesigen Füßen, einem sehr kleinen

12 Ebd., S. 235f.

13 Voltaire an Aldonce de Sade, Paris, 3. November 1733, Voltaire, Correspondence, Vol. III, Brief 651, S. 170f.

14 Jean Baptiste Nicolas Formont (1694 – 1758) war ein französischer Schriftsteller und Poet.

15 Zitiert nach Zinsser: Daring Genius, S. 78.

16 Orieux: Voltaire, S. 201.

Kopf, einem scharf geschnittenen Gesicht, einer spitzen Nase, zwei kleinen, meergrünen Augen, die Haut dunkel, gerötet, erhitzt, ein zurückliegender Mund, die Zähne dünn gesät und sehr schlecht. Das ist die Gestalt der schönen Émilie […].“[17] Hier spricht eindeutig der Neid einer weiblichen Konkurrentin.

Voltaire jedenfalls betete seine Émilie an, wie Orieux meint, „[…] so wie sie war, aber vor allem wegen der Überlegenheit ihres Herzens und ihrer Intelligenz, die sie seiner würdig machten. Er liebte sie auch, weil sie seine tägliche Zerstreuung war. Sie erheiterte ihn mit ihren Launen. Er vergab ihr ihren Eigensinn, ihre lauten Zornausbrüche und selbst von Zeit zu Zeit ihre Untreue. Kurz, sie war herrlich unausstehlich und gab ihrem Liebhaber das Glück der Freundschaft und die Freuden der Liebe, deren Unruhen, Streitereien und berauschende Versöhnungen er durch sie genießen lernte. Sie gab ihm alles, nur keine Langweile.“[18]

Judith Zinsser liest aus den Briefen Émilies aus den ersten Monaten der Jahre 1733 und 1734 noch eher eine Distanz; Voltaire sei für sie zu der Zeit ein reizvoller und herausfordernder Intellektueller gewesen, aber noch kein Liebhaber.[19] Émilie bezeichnete Voltaire als die „eloquenteste Feder ihres Landes“, ihre Bewunderung für ihn habe keine Grenzen gekannt. Er sei für sie die Personifikation eines Genies, als Metaphysiker, Historiker, Philosoph und Frankreichs bekanntester Poet. Sein Gedicht *Henriade* habe sie bereits gekannt und geliebt, bevor sie Voltaire kennenlernte.[20] Für Voltaire war Émilie eine außergewöhnliche und einzigartige Frau. In ihrem langen gemeinsamen Leben hörte er nicht auf, von ihrer Intelligenz erstaunt und verzückt zu sein. Er war fasziniert von der Frau, die zugleich Physikerin und Philosophin war, die Cicero und Pope las, mit Brillanz kritisierte, nachts Opernarien sang und am Tage New-

17 Zitiert nach ebd.
18 Ebd., S. 202.
19 Zinsser: Daring Genius, S. 83.
20 Ebd., 87.

ton wiederentdeckte und den deutschen Philosophen Christian Wolff kommentierte. An Formont schrieb Voltaire beispielsweise am 27. Juni 1734: „Es gibt in Paris eine Dame, die sich Émilie nennt, [...] und die Locke besser versteht als ich. Ich wünsche mir, dass Sie diese Philosophin kennenlernen.“[21] Émilie du Châtelet hatte einen unverkennbaren Einfluss auf Voltaires Schaffen. Während er bis zu ihrer Begegnung 1733 sich vor allem als Dramendichter einen Namen gemacht hatte, wandelte er sich zwischen 1733 und 1749, also der gemeinsamen Zeit, zum Historiker, Wissenschaftler und Philosophen.[22]

Voltaire betrachtete Émilie nicht nur auf gleicher Augenhöhe, sondern auch als eine wichtige Kritikerin seiner Reflexionen und seines Werkes. Für Élisabeth Badinter dominiert zudem eine starke Mutterrolle in der Beziehung zwischen beiden. Voltaire war für Émilie zugleich Kind und Gatte. Er, der seine Mutter im Alter von zehn Jahren früh verloren hatte, habe immer eine mütterliche und schützende Frau gesucht. Ihre Liebe Voltaire gegenüber sei ebenfalls von einem starken mütterlichen Gefühl geprägt.[23] Die symbiotische, aber auch fürsorgliche Liebe zeigte sich darin, dass sie ihm am Bett vorlas, wenn er wieder einmal krank war. Voltaire habe dies genossen und stellte sich noch schwächlicher, um in den Genuss der Fürsorge Émilies zu kommen. Sie sei es aber auch gewesen, die darüber bestimmte, ob er Wein trinken durfte oder nicht.[24] Das fürsorgliche und beschützende Element von Émilies Liebe zu Voltaire zeigte sich jedoch zudem in ihrer Dominanz und Bestimmung über das Leben im Alltag. Das ging sogar so weit, dass sie Voltaire das Dichten verbot, damit er sich mehr seinen historischen Studien widmete. Sie wählte

---

21 Voltaire, Correspondence, Vol. III, Brief 741, S. 279; siehe auch Voltaire: Mémoires pour servir à la vie de M. de Voltaire, écrits par lui-même. Paris 2011, S. 72.

22 Ira O. Wade: Voltaire and Madame du Châtelet. An Essay on the Intellectual Activity at Cirey. New York 1967, S. 7.

23 Badinter: Émilie, S. 252.

24 Ebd., S. 252ff.

die Kleidung für ihn aus und entschied über seine Reisen. Madame de Launay, baronne de Staal resümierte nach einem Aufenthalt in Anet sogar: „Die du Châtelet war der Souverain und er ihr Sklave."[25]

Die Liebesbeziehung beider blieb nicht lange verborgen, auch nicht den beiden Familien Breteuil und Châtelet. Diese übersahen nicht die bürgerliche Herkunft Voltaires. Verwandte wie beispielsweise der Marquis de Créqui standen dem Dichter und Liebhaber Émilies kritisch gegenüber. Einer der Cousins Émilies, François Victor le Tonnelier de Breteuil, der Titelerbe der Breteuils, war ehemaliger Regierungsminister, Katholik und Mitglied des devoten Katholikenzirkels der Königin. Er schätzte den religionskritischen Dichter keinesfalls. Er suchte sogar nach Gelegenheiten, gegen Voltaire vorzugehen.[26] Auch dass dieser vom Theater und Investitionen[27] lebte und zweimal in der Bastille inhaftiert worden war, sprach aus Sicht der Familie gegen eine Verbindung mit Émilie.[28] Der Marquis und Ehemann selbst dagegen akzeptierte die Verbindung, billigte es, dass beide im Château de Cirey lebten, besuchte sie dort sogar häufig und unterstützte Voltaire schließlich in vielerlei Hinsicht.

---

25 Zitiert nach Badinter: Émilie, S. 257.

26 Zinsser: Daring Genius, S. 132f.

27 Ab den 1740er Jahren kam ein großer Teil von Voltaires Vermögen aus königlichen Verträgen, etwa aus Anteilen an der französischen Armee. Seine lukrativsten Geschäfte waren diejenigen im Rahmen des Seehandels zwischen Afrika, Spanien und Mexiko/Peru; ebd., S. 97.

28 Ebd., S. 87.

ZENSUR UND FLUCHT INS CHÂTEAU DE CIREY

Während seines Exils in England von 1726 bis 1728 hatte sich Voltaire intensiv mit der englischen Philosophie und Regierungsform befasst. Als Ergebnis dieser Beschäftigung erschien 1733 zunächst in England seine Schrift *Lettres philosophiques.* In London begann der Druck der *Lettres anglaises*, wie er sie zunächst betitelte, in einer Auflage von 300 Exemplaren, von denen insgesamt 2500 geliefert werden sollten.[1] Voltaire würdigte in diesen Essays das englische parlamentarische System, das in Kontrast zu den europäischen Monarchien stand, und hielt sich nicht mit kritischen Anspielungen vor allem gegen den französischen Hof zurück. Als dann allerdings ohne Genehmigung des Königs im französischen Rouen der zweite Druck erschien, ließen die Folgen nicht lange auf sich warten.

Die Freunde waren in dieser Zeit wichtigste Gesprächs- bzw. Briefpartner. Über den großen Erfolg in England schrieb Voltaire an Cideville im August 1733: „Die Lettres philosophiques, politiques, critiques, poétiques, hérétiques, diaboliques sind in London auf Englisch mit großem Erfolg verkauft worden..."[2] Voltaire berichtete freudig an Jacques-François-Paul-Aldonce de Sade, dass die Kopie früher erschienen sei als das Original. Er hatte den Druck

---

1 Voltaire an Cideville, 21. April 1733, Voltaire, Correspondence, Vol. III, Brief 582, S. 61.

2 15. August 1733, Voltaire, Correspondence, Vol. III, Brief 625, S. 128.

des französischen Originals gestoppt – aus Sicherheitsgründen und aus Angst vor dem französischen Hof.[3] Die *Lettres anglaises* „sind geschrieben mit dem Geist der Freiheit, wegen der ich vielleicht in Frankreich verfolgt werde". Diese *Briefe* hatte er vor allem für die Leser in London geschrieben, die sie philosophisch verstehen würden, wie er meinte. In Paris würden sie bereits als gottlos deklariert, bevor man sie überhaupt gelesen habe.[4] Voltaire fühlte sich aber auch zunehmend bedroht, denn die *Lettres* durften nicht weiterverbreitet werden, weshalb er darüber nachdachte, die französische Ausgabe bis zum Winter zu vernichten.[5]

Über die Marquise du Deffand und deren Freunde versuchte Voltaire Maurepas für sich zu gewinnen.[6] Er befürchtete eine *Lettre de cachet*[7], nachdem die Schrift auch nach Frankreich gelangt war.[8] Die Angst vor Zensur und Verhaftung trieb Voltaire immer mehr um. Bereits am 29. April 1734 schrieb Voltaire an Maupertuis, dass er Paris verlassen müsse: „Ihr Geometer, mein Herr, zeigte mir Ihren Brief. […] Ich muss nach London oder Basel gehen, während Sie mit Madame du Châtelet in Paris weilen. Es sind die ‚Lettres anglai-

---

3 Paris, 29. August 1733, Voltaire, Correspondence, Vol. III, Brief 628, S. 132.

4 Voltaire an Jacob Venet, Paris, 14. September 1733, Voltaire, Correspondence, Vol. III, Brief 632, S. 138.

5 An Nicolas Claude Thieriot am 27. Juli 1733, Voltaire, Correspondence, Vol. III, Brief 617, S. 113.

6 Voltaire an Marie Vichy de Chamrond, Marquise Du Deffand, 24. April 1734, Voltaire, Correspondence, Vol. III, Brief 704, S. 231. Der Brief ist nur vom Herausgeber beschrieben. Jean-Frédéric Phélypeaux, comte de Maurepas (1701–1781) war ein französischer Staatsmann, unter Ludwig XV. bekleidete er von 1723 bis 1749 das Amt des Secrétaire d'État à la Marine.

7 Lettres de cachet waren Haftbefehle, vom französischen König unterzeichnete, versiegelte Schreiben mit einer königlichen Willensbekundung mit entsprechenden Folgen, z.B. einer Inhaftierung ohne Gerichtsverfahren oder einer Exilierung.

8 Voltaire an Formont, Montjeu par Autun, 25. April 1734, Voltaire, Correspondence, Vol. III, Brief 705, S. 232.

Abb. 2: Château de Cirey

ses', die mich zum Exil zwingen. [...] Cartesianer, Malbranchisten, Jansenisten, sie alle verschwören sich gegen mich. [...] Sie sind der Apostel von Locke und Newton [...] und mit einem Schüler wie Madame du Châtelet werden Sie den Blinden die Augen öffnen."[9]

Das Werk fiel, wie erwartet, unter Zensur, am 3. Mai 1734 erhielt der Justizminister Germain Louis Chauvelin die Order, den Autor zu verhaften und zu veranlassen, ihn im zwischen Dijon und Besançon gelegenen Château d'Auxonne zu inhaftieren. Nach Anordnung des Königs durfte er das Innere des Schlosses unter keinem Vorwand verlassen.[10]

Die *Lettres* verursachten einen großen Trubel, die Jansenisten bezeichneten Voltaire als Molinisten[11] und die Gläubigen als Atheis-

9 Voltaire, Correspondence, Vol. III, Brief 708, S. 235.

10 Jean-Frédéric Phélypeaux, comte de Maurepas (an Pierre Arnaud de La Briffe), 3. Mai 1734, Voltaire, Correspondence, Vol. III, Brief 710, S. 238.

11 Der Molinismus ist eine nach dem im 16. Jahrhundert wirkenden spanischen Jesuiten und Theologen Luis de Molina benannte religiöse Strömung.

ten, wie er berichtete.[12] Voltaire zählte daher auf ihm geistig Wohlgesonnene und bat Hérault, während er bereits in Montjeu par Autun weilte, seine Freunde über die Veröffentlichung und ihre Folgen zu unterrichten: Maupertuis, Mairan, Fontenelle, du Fay, Condamine - sie, so Voltaire, seien Denker und ihre Meinung würde sich früher oder später in der Öffentlichkeit durchsetzen. Er hoffte, dass „das Vulgäre" über kurz oder lang von einer kleinen Anzahl an erhabenen Geistern besiegt werde. Sein Buch war nun neben der englischen Übersetzung auch in Deutsch erhältlich.[13]

Paris und der Hof in Versailles waren mit einem Male für Voltaire tabu. Émilie riet ihm, außer Landes zu gehen, nach Brüssel oder wieder nach London. Sie selbst blieb zunächst noch in Paris, um für Voltaire Fürsprache am Hof zu halten.[14] Die Trennung von Voltaire in dieser schwierigen Situation mit unsicherer Zukunft belastete Émilie schwer. In ihren Briefen drückt sich ihre Sorge um den geliebten Mann deutlich aus. Noch vor der Zensur schrieb sie am 28. April 1734 an Maupertuis[15], wie sehr Voltaire um die Veröffentlichung der *Lettres philosophiques* besorgt sei: „Voltaire, dem ich berichtet habe, dass ich Ihnen schreiben werde, hat mich gebeten, Ihnen tausend Grüße zu übermitteln. Er ist sehr unruhig darüber, wie die Affäre hinsichtlich der ‚Lettres' ausgeht."[16] Wenige Tage

---

12 Voltaire an Berger, 5. Mai 1734, Voltaire, Correspondence, Vol. III, Brief 711, S. 239.

13 6. Mai 1734, Voltaire, Correspondence, Vol. III, Brief 712, S. 240. Die deutsche Übersetzung erschien 1747 unter dem Titel: „Sammlung verschiedener Briefe des Herrn Voltaire die Engelländer und andere Sachen betreffend".

14 Orieux, Voltaire, S. 214.

15 Pierre Louis Moreau de Maupertuis unterrichtete die Marquise ab 1734 in Mathematik.

16 La Correspondance d'Émilie Du Châtelet, sous la direction de Ulla Kölving et Andrew Brown, Bd. 1, 1733–1740, Ferney-Voltaire, 2018. Lettre 16, S. 134. In der älteren Ausgabe: Besterman, Theodore, Les lettres de la Marquise du Châtelet, Bd. 1, Briefe 1–231: 1733–1939, Bd. 2, Briefe 232–486: 1740–1749, Genf 1958, hier Bd. 1, S. 37.

später schrieb sie an den Freund, dass sie Voltaire verliere, da er im Ausland die Ruhe suchen werde, die man ihm im eigenen Land verweigere. Seine Abreise sei wie ein durchbohrender Schmerz. Sie war überzeugt davon, dass Maupertuis berührt davon sei, dass ein so liebenswürdiger und außergewöhnlicher Mann wie Voltaire von ihnen geht: „Sie werden mit ihm einen Ihrer größten Bewunderer verlieren. Er hofft, dass die Zeichen Ihres Andenkens und Ihrer Freundschaft ihm die Härte des Exils mildern werden.“[17] Voltaire ist überaus dankbar für Émilies Fürsorge, wie er an d'Argental schreibt: „Sie wissen, dass ich alles der großzügigen Freundschaft der Madame du Châtelet verdanke, die einen Bediensteten in Paris positioniert hat, um mich per Post mit den Neuigkeiten zu versorgen. [...] Ihnen und ihr verdanke ich die Freiheit, die ich gerade genieße. Das, wovor ich momentan am meisten Angst habe, sind diejenigen, die wissen können, mit welcher Lebhaftigkeit die Madame du Châtelet die notwendigen Schritte geht, und die kein so zärtliches und tugendhaftes Herz haben wie Sie, und die nicht die große Freundschaft und ehrwürdigen Gefühle wie Madame haben, [...].“[18]

Besonders belastend war es für Émilie, dass sie in den ersten Wochen nach Voltaires Abreise keine Nachricht von ihm erhielt. Sie wusste auch nicht genau, wohin er gegangen war. Sie hoffte, dass er nach Basel oder Genf gereist war, und wartete mit großer Ungeduld auf seine Zeilen, da sie sich auch um seine Gesundheit sorgte. Sein Buch werde gerade denunziert, wie sie beklagte. Das Ungerechte dabei sei, dass Voltaire, der Autor, und nicht das Werk an sich verdammt worden sei.[19] Sie zog sich zurück, da sie mehr und mehr von den Menschen enttäuscht war: Sie empfand sie als falsch, ungerecht, voller Vorurteile und tyrannisch. Es sei besser, allein zu leben oder

---

17 6. Mai 1734, La Correspondance d'Émilie Du Châtelet, Kölving/Brown, Lettre 17, S. 135. Besterman, Bd. 1, S. 39.

18 8. Mai 1734, Voltaire, Correspondence, Vol. III, Brief 717, S. 246.

19 An Maupertuis, 22. Mai 1734, La Correspondance d'Émilie Du Châtelet, Kölving/Brown, Lettre 19, S. 138, Besterman, Bd. 1, S. 42f.

nur mit Menschen, die so denken wie man selbst. So schrieb sie an de Sade am 12. Mai 1734.[20] In dieser Krisenzeit fand sie auch eine Freundin in Madame de Richelieu. Diese „charmante Frau" sei ihr ganzer Trost, ihr Herz sei voller Freundschaft.[21] Auf Tage größter Anspannung und Sorge folgten kurze Zeiten der Erholung. Am 7. Juni schrieb sie an Maupertuis, dass sie heute nicht über Voltaire sprechen möchte. Die Sache befinde sich momentan auf gutem Wege. Sie begann, sich wieder den geometrischen Studien zu widmen, und schmeichelte Maupertuis damit, welche Gunst es sei, bei dem liebenswertesten und tiefsinnigsten Mathematiker der Welt zu studieren.[22]

Nach einem kurzen Aufenthalt in Lothringen im Heerlager von Richelieu, der an der Seite Franz von Lothringens kämpfte[23], eröffnete sich eine neue Möglichkeit des Exils für Voltaire: Das Schlösschen Cirey, im Besitz der Familie du Châtelet, in der Champagne gelegen, war ein perfekter Zufluchtsort, „ein Asyl, das alles vereint, die Sicherheit, die Liebe, selbst das Vaterland, es liegt fast noch in Frankreich"[24]. Auch der Marquis du Châtelet hatte seinen Segen gegeben. So hielt sich Voltaire ab den Sommermonaten in Cirey auf. Émilie weilte da noch in Paris und zog schließlich im Oktober in das Château in der Champagne ein. Voltaire, überglücklich trotz des Chaos im Schloss, schrieb an Madame de Champbonin im Oktober 1734: „Madame du Châtelet ist gestern Abend aus Paris zurück-

20 La Correspondance d'Émilie Du Châtelet, Kölving/Brown, Lettre 18, S. 137; Besterman, Bd. 1, S. 42.

21 Ebd., S. 137.

22 La Correspondance d'Émilie Du Châtelet, Kölving/Brown, Lettre 20, S. 140; Besterman, Bd. 1, S. 44.

23 Während des Polnischen Erbfolgekriegs 1733–1738, Orieux: Voltaire, S. 212, Mauro: Émilie du Châtelet, S. 48f. Der Freund Voltaires, Marschall und hoher Aristokrat, wurde in Paris am 13. März 1696 geboren und starb am 8. August 1788. Er war der Großneffe des Kardinals de Richelieu (1585–1642).

24 Orieux: Voltaire, S. 213.

gekommen. Sie ist gerade in dem Moment eingetroffen, in dem ich Ihren Brief erhalten habe, in dem sie mir ankündigte, dass sie nicht so früh kommen würde. Sie ist umgeben von zweihundert Stoffballen, die hier angeliefert wurden am selben Tag, wie sie eintraf. Man hat Betten ohne Vorhang, Zimmer ohne Fenster, chinesische Kabinette & kaum Sessel, [...]. Mme du Châtelet, inmitten dieses Chaos, lacht und ist charmant."[25]

Im März 1735 schließlich wurde der Bann gebrochen und Voltaire durfte sich wieder in Paris aufhalten. Die Bedingung war, dass er sich nicht mehr mit Angelegenheiten beschäftigte, die dieselben Klagen hervorrufen würden wie die vergangenen.[26] Dies erleichterte auch Émilie, die am 3. April 1735 an de Sade in Paris schrieb, dass Voltaire in Paris angekommen sei und dass es ihm guttue, seine Freunde wiederzusehen, auch wenn seine Gesundheit nicht gerade stabil sei.[27]

Émilie musste dann während des Sommers 1734 einen weiteren schweren Schicksalsschlag hinnehmen: Ihr Sohn Victor Esprit starb in der Nacht zum 29. August. Am folgenden Tag schrieb sie an Maupertuis, wie sehr sie leide, sie gehe kaum nach draußen; wenn er sie besuchen wolle, werde er sie allein finden; sie versperre die Tür, aber wie er wisse, vergehe keine Minute, wo es ihr nicht ein großes Bedürfnis sei, ihn zu sehen.[28] Diese unmittelbar auf den Tod des Kindes folgende Mitteilung ist ein erneutes Zeichen der großen Nähe und Vertrautheit zwischen beiden. Wie sehr Émilie vom Tod

25 Voltaire, Correspondence, Vol. III, Brief 770, S. 314. Anne-Antoinette-Françoise Paulin, Ehefrau von Jacques-François du Raget, seigneur de Champbonin (1700–1775), lebte in Wassy-en-Champagne, nahe Cirey-en-Blaise.

26 René Herault an Voltaire, 2. März 1735, Voltaire, Correspondence, Vol. IV, Brief 823, S. 34.

27 La Correspondance d'Émilie Du Châtelet, Kölving/Brown, Lettre 37, S. 159. Voltaire, Correspondence, Vol. IV, Brief 831, S. 42.

28 La Correspondance d'Émilie Du Châtelet, Kölving/Brown, Lettre 24, S. 146; Besterman, Bd. 1, S. 49.

des Sohnes getroffen war, zeigt sich auch, als sie Aldonce de Sade gegenüber Anfang September die Klage erhebt, ihr sei das größte Unglück zugestoßen, das eine Mutter je erleben könne.[29]

Was zunächst nur als vorübergehender Zufluchtsort vor staatlichen Zwangsmaßnahmen geplant war, sollte schnell zum frei gewählten Refugium und zum neuen Zuhause für Émilie und Voltaire werden. Hier würden sie in aller Ruhe arbeiten, Gäste empfangen und Diskussionen führen. Aber zunächst einmal war viel zu tun. Denn das Schlösschen in der südlichen Champagne, nahe Chaumont und einige Reitstunden von Nancy entfernt, war etwas heruntergekommen.

Voltaire war generell großzügig, denn er lieh zahlreichen seiner Freunde und Bekannten Geld, auch höhere Summen; ebenso investierte er ein beträchtliches Vermögen in den Umbau des Schlosses, nämlich 40.000 Livres. Beide waren lange Zeit damit beschäftigt, Arbeiter und Handwerker zu instruieren, damit sich ihr Traumschloss verwirklichte. Voltaire hatte für die Planung des Umbaus die beiden Architekten Dufort und Champenois engagiert.[30] Bis ins Jahr 1735 dauerten die Renovierungsarbeiten an. Letztlich war es ein gemeinsames Projekt des Ehepaars du Châtelet und ihres Freundes Voltaire. Im August schrieb Émilie an Maupertuis, wie ihr Leben nun inmitten von Handwerkern, Zimmerern und Steinmetzen verlaufe.[31] Und Voltaire skizzierte im November der Comtesse de La Neuville die nicht immer friedlich und konstruktiv verlaufenden Bauarbeiten: „Madame du Châtelet erwartet sie hier, sobald sie selbst in Cirey angekommen ist. Sie ist zum Architekten und Gärtner geworden. Sie gestaltet die Fenster, während ich die Türen gefertigt habe. Sie baut die Treppen in Kamine um und die Kamine

29 Du Châtelet an de Sade, 6. September 1734, La Correspondance d'Émilie Du Châtelet, Kölving/Brown, Lettre 25, S. 146.

30 Zinsser: Daring Genius, S. 109.

31 Besterman, Bd. 1, S. 79, Correspondance d'Émilie Du Châtelet, Kölving/Brown, Lettre 47, S. 179.

Abb. 3: Der Park von Cirey

in Treppen. Sie pflanzt dort Linden, wo ich Ulmen vorgeschlagen habe. Und wo ich einen Gemüsegarten angelegt habe, legt sie ein Blumenbeet an."[32]

Eine architektonische Besonderheit des Schlosses bildete das Badekabinett, das zu der Zeit – im frühen 18. Jahrhundert – noch nicht sehr verbreitet war, weil man glaubte, dass Badewasser die Haut porös machen könnte. Das Château de Cirey besaß nach dem Umbau durch Voltaire und Émilie ein regelrechtes Badeappartement mit einem Vorzimmer, dem eigentlichen Badezimmer, und einem sich anschließenden Cabinet de toilette. Die Wände waren gefliest, der Boden aus Marmor und neben der Feuerstelle zum Erwärmen des Badewassers gab es auch einen Tisch mit Büchern sowie kleine Sessel zum Ausruhen nach dem Bad.[33] Im Erdgeschoss lagen die Salons, die Galerie und das Arbeitszimmer von Émilie, das Physikkabinett. Im oberen Stockwerk richtete sich Voltaire eine Zimmersuite ein. Hierfür hatte er sich neue Möbel gekauft, sein besonderes Lieblingsstück war ein lackierter chinesischer Schreibtisch. Die Wände

32 1. November 1734, Voltaire, Correspondence, Vol. III, Brief 777, S. 322.

33 Zinsser: Daring Genius, S. 111.

waren mit Spiegeln und einem Porträt Friedrichs von Preußen geschmückt.[34] Außerdem waren im oberen Stockwerk die Gästezimmer untergebracht. Neben der umfassenden Bibliothek, die von Voltaire und Émilie gleichermaßen bestückt und genutzt wurde, fanden sich in Cirey auch Instrumente für ihre physikalischen Experimente, etwa ein Teleskop, Mikroskop und eine pneumatische Maschine.[35] Die Instrumente bestellte Voltaire über seinen Pariser Agenten Moussinot. An Thieriot schrieb er, dass er seit 15 Tagen damit beschäftigt sei, ein Physikkabinett einzurichten.[36] Einer der schönsten Räume des Schlosses war die etwa zehn Meter lange (30 Fuß) holzgetäfelte Galerie. Sie gewährte den Blick über eine lange Fensterreihe in den Park hinaus und wurde von Herkules- und Venusstatuen geschmückt. Im Dachgeschoss richteten sie sich sogar ein kleines Theater ein, wo Voltaires Stücke eine Uraufführung im familiären und Freundeskreis erfuhren.

So klein das Schloss auch war, Voltaire und Émilie hielten eine stattliche Anzahl an Bediensteten. Für Émilie stand ein Zimmermädchen zur Stelle, für ihren Sohn ein Hauslehrer und für ihre Tochter eine Gouvernante. Voltaire beschäftigte einen Sekretär, der für ihn schrieb und ihm vorlas. Für Émilie arbeitete der Sohn der Madame de Champbonin, einer Nachbarin aus der Gegend und Bewunderin Voltaires, als Kopist. Darüber hinaus fanden zwei Lakaien, ein Koch und das übliche Küchen- und Gartenpersonal ihre Aufgaben in Cirey.[37]

Die glückliche Einsamkeit auf Cirey wurde allerdings auch allzu

---

34 Ebd., S. 122.

35 Jean-Daniel Candaux: La vie à Cirey et la mort à Lunéville de Mme du Châtelet: deux reportages du Journal helvétique de Neuchâtel, in: Kölving, Ulla/Courcelle, Olivier (Hrsg.): Émilie du Châtelet, S. 85–91, hier S. 85 und 87.

36 Voltaire an Moussinot, 17. Juni 1738, Voltaire, Correspondence, Vol. VII, Brief 1457, S. 208; Voltaire an Thieriot, 23. Juni 1738, Voltaire, Correspondence, Vol. VII, Brief 1465, S. 227.

37 Zinsser: Daring Genius, S. 112.

oft unterbrochen. Neben den Familienangehörigen wie Émilies jüngerem Bruder, dem Abbé de Breteuil, der im Dienst des Erzbischofs von Sens stand, oder den seltenen Besuchen des Marquis du Châtelet, sofern er die Schlachtfelder verlassen konnte, waren es vor allem befreundete Wissenschaftler und Mathematiker wie Francesco Algarotti, Johann Bernoulli II., Maupertuis oder Samuel König, Freunde wie Madame de Graffigny oder Nicolas Claude Thieriot, die Voltaire und Émilie auf Cirey besuchten, mitunter über Wochen. Bereits im Oktober 1735 luden Émilie und Voltaire den Grafen Algarotti[38] nach Cirey ein. Der Umbau sei noch nicht abgeschlossen, aber beide würden sich auf das Philosophieren mit ihm freuen, es gebe eine schöne Bibliothek und Voltaire werde ihm viele Anekdoten erzählen können, seine Gesellschaft werde ihre und Voltaires Einsamkeit bereichern - so preist Émilie dem Freund das Leben in Cirey in ihrem Brief vom 10. Oktober 1735 an.[39]

Der Rückzug nach Cirey bedeutete aber nicht die komplette Abschottung vom gesellschaftlichen Pariser und Versailler Leben. Vielmehr pflegte Émilie eine intensive Korrespondenz und versorgte sich so mit Neuigkeiten aus Paris und Versailles. Dreimal in der Woche konnte sie ihre Briefe in der Poststelle in dem etwa 15 Kilometer nördlich von Cirey gelegenen Örtchen Wassy aufgeben, von wo sie etwa eine Woche bis nach Paris brauchten.[40] Umgekehrt wurden Nachrichten aus Paris mit großer Neugier in Cirey empfangen. Allerdings befremdete das weitab vom Hof gelegene Eremitendasein der beiden einige Zeitgenossen. So berichtete der Chevalier de Villefort nach seinem Besuch in Cirey 1736 einerseits verzaubert, andererseits aber auch distanziert, von dieser Art zu leben.[41]

38 Francesco Graf von Algarotti (1712-1764) war ein italienischer Schriftsteller, Kunstkritiker und Kunsthändler; er zählte auch zur Tafelrunde Friedrichs II. von Preußen.

39 Besterman, Bd. 1, S. 85.

40 Zinsser: Daring Genius, S. 118.

41 Orieux: Voltaire, S. 230.

Selbst wenn Émilie und Voltaire Gäste in Cirey empfingen, arbeiteten sie konsequent an ihren Werken weiter. Der Tagesablauf war streng geregelt. Eine Glocke kündigte die Mahlzeiten an, aber auch die Ruhe- und Lektürepausen zwischendurch. Selbst zur Ankündigung der Schlafenszeit läutete eine Glocke.[42] Das Leben in Cirey war geprägt von einer fast klösterlichen Ordnung, was beide Bewohner liebten. Keine Stunde verging ungenutzt. Émilie begann bereits in den frühen Morgenstunden mit der Arbeit am Schreibtisch. Erst zwischen zehn und elf Uhr etwa hatten die Gäste Gelegenheit auf ein Gespräch mit ihr in der Galerie.[43] Die Hausherren ließen sich von ihren Gästen in diesem strengen Tagesablauf nicht beirren. Sie gingen einfach davon aus, dass diese auch am liebsten lesen und schreiben würden. Émilie aß tagsüber fast nie und Voltaire nur gelegentlich. Jeder blieb in der Regel auf seinem Zimmer bis zum Diner. Es konnte passieren, dass die Gäste Émilie tagelang nicht sahen, da sie mit Arbeit, Lektüre, Korrespondenz oder Spaziergängen beschäftigt war.[44] Ab 21 Uhr abends traf man sich dann im Speisesaal zum Souper, das von angeregten Gesprächen und Rezitationen Voltaires begleitet wurde.

Nicht selten hatten die Gäste auch die Chance, eines der neuesten Stücke Voltaires in einer Aufführung zu erleben. Auf der kleinen Bühne des Haustheaters hatten zwar nicht mehr als drei bis vier Spieler auf einmal Platz, aber alle wurden miteingespannt, Nachbarn, Familienmitglieder oder die Freunde selbst. So wirkten Émilies damals zwölfjährige Tochter Gabrielle Pauline und Émilies Bruder, der Abbé de Breteuil, im Dezember 1738 an der Aufführung von *Le petit Boursoufle* mit.[45] Eines der häufigsten aufgeführten Werke Voltaires war *Zaïre*. Émilie spielte dabei die Titelrolle, Voltaire

42 Reinhardt: Voltaire, S. 208.

43 Françoise de Graffigny: Vie privée de Voltaire et de Mme du Châtelet pendant un séjour de six mois à Cirey. Paris 1820, S. 82.

44 An Thieriot am 23. Oktober 1737, Besterman, Bd. 1, S. 202f.

45 Zinsser: Daring Genius, S. 126.

den Sultan von Jerusalem Orosmane; selbst der Marquis du Châtelet hatte seinen Einsatz auf der Bühne, wenn er in Cirey weilte, und spielte den Nérestan. Madame du Graffigny, eine der treuesten Besucherinnen auf Cirey, verkörperte die Fatima.[46] Die Theateraufführungen in Cirey waren mehr als eine Zerstreuung, sie waren Kult. Montags und dienstags wurde in der Regel geprobt, die Aufführungen fanden dann am Mittwoch und Donnerstag statt. Sogar eine frühe Form der Werbung wurde in Cirey betrieben: Émilie beauftragte den jungen Champbonin, Plakate zu zeichnen und diese an den Schlosstüren aufzuhängen.[47]

In Cirey vollzog sich für Émilie nun allmählich ein Lebenswandel, wie er bereits in ihren Briefen vom frühen Winter 1733 ein immer wiederkehrendes Thema für sie geworden war. Zwar gab sie ihr altes Leben mit den ihrem Stand entsprechenden Vergnügungen, mit den Verabredungen, Adelshochzeiten und Opernbesuchen nie ganz auf, aber mehr und mehr langweilte sie sich bei alldem. Erst an diesem scheinbar abgelegenen Ort in der Champagne wich die Langeweile aus ihrem Leben.[48] Die Reisen nach Paris wurden zwischen 1735 und 1741 seltener und erfolgten mehr und mehr aus familiären Gründen denn aus Vergnügungslust. Ihre Studien und wissenschaftlichen Arbeiten in Cirey fesselten sie dort immer mehr.

Auch für Voltaire wurde der Rückzug immer wichtiger, wie er an Berger am 24. August 1735 aus Cirey bekannte: „Ihre Briefe fügen einen neuen Charme zur Süße hinzu, die ich in der Einsamkeit genieße, wohin ich mich zurückgezogen habe, weit weg von der lärmenden, bösen und elendigen Welt. Weit weg von den schlechten Poeten und den schlechten Kritikern liebe ich es tausend Mal mehr, von Ihnen die Neuigkeiten zu erfahren von all dem, was passiert ist, als ein direkter Zeuge dessen zu sein."[49]

---

46 Graffigny, zitiert nach Zinsser: Daring Genius, S. 127f.

47 Orieux: Voltaire, S. 264.

48 Zinsser: Daring Genius, S. 98.

49 Voltaire, Correspondence, Vol. IV, Brief 873, S. 109.

Der Marquis du Châtelet tolerierte das neue Leben, das seine Frau und Voltaire in Cirey führten. Auch nach dem Frieden von Wien im November 1738, dem Ende des Polnischen Thronfolgekriegs, war er zwar nicht oft zu Hause, schien sich aber nicht von beiden wegen ihrer Beziehung abzuwenden. Auch hatte er nichts dagegen einzuwenden, dass Voltaire seinen Sohn Louis Marie Florent mit erzog, wenn dieser in Cirey weilte. Wenn er nicht im Krieg war, wurde er sogar mehr und mehr zum Botschafter beider: Er brachte Manuskripte zu Verlegern, gab ausgeliehene Bücher zurück oder kümmerte sich um Verträge und Zahlungen an Voltaires Geschäftspartner.

Dieses Dreiecksverhältnis war nicht wirklich ungewöhnlich für die höfische Gesellschaft des 18. Jahrhunderts in Frankreich. Die Ehe der du Châtelets war weniger aus Liebe geschlossen worden, denn aus rationalen Motiven arrangiert, wie es typisch zu dieser Zeit war. Zudem standen außereheliche Beziehungen auf der Tagesordnung, wobei man hier zwischen der höfischen Gesellschaft in Paris, Versailles und dem Landadel unterscheiden muss. Für Männer gehörte es quasi zum guten Stil, Mätressen zu halten, es zeichnete sie aus, stärkte sie im Wettbewerb mit anderen Geschlechtsgenossen. Für Frauen war es nicht ganz so einfach, außereheliche Beziehungen zu pflegen. Es durfte nicht bekannt sein, konnte sogar mit einer *Lettre de cachet* verfolgt werden, was bedeutete, dass untreue Frauen ins Kloster gesteckt wurden. Aber viele Quellen belegen, dass die Frauen der höfischen Gesellschaft außereheliche Beziehungen pflegten. Als berühmtestes Beispiel sei hier Madame de Pompadour genannt, geborene Poisson, verheiratete Le Normant d'Étiolles, die bedeutendste Mätresse des französischen Königs Ludwig XV. Über die Beziehungen und Affären der Frauen wurde nicht öffentlich gesprochen, sie durften nicht beim Namen genannt werden, sondern allenfalls sprach man von *galanterie* und bediente sich anderer umschreibender Wörter. Auch war es wichtig, dass die familienstrategischen Belange nicht gestört wurden, ganz im Gegenteil: Wenn diese von der Beziehung profitierten, wurde die außereheliche Beziehung auch toleriert.

Die Verbindung von Émilie du Châtelet und Voltaire war in dem Sinne nichts Außergewöhnliches, dennoch handelte es sich hier um eine besondere Situation. Émilie und Voltaire lebten in Cirey weitab von den höfischen Zentren Versailles und Fontainebleau. Sie konnten fern vom höfischen Klatsch ihre Liebes-, Lebens- und Arbeitsgemeinschaft pflegen.[50] Allein diese Komplexität ihrer Beziehung war außerordentlich. Hinzu kommt das vielleicht noch nicht zu Beginn, aber sich später vertiefende freundschaftliche Verhältnis zwischen Ehemann Florent Claude und Liebhaber Voltaire. Der Marquis hielt unzweifelhaft ebenso seine außerehelichen Beziehungen zu Frauen, brachte aber Émilie und Voltaire gegenüber eine große Toleranz entgegen.

---

50 In der Familie der du Châtelet bestanden allerdings gewisse Ressentiments gegenüber der Verbindung von Émilie und Voltaire, insbesondere bei zwei Vettern des Marquis. Orieux, Voltaire, S. 232f.

MATHEMATISCHE WEIHEN – UNTERRICHT BEI MAUPERTUIS

Zum Jahresbeginn 1734 wurde der systematische und vertiefende Unterricht in Geometrie aufgenommen. Voltaire war es, der die junge Marquise mit ihrem ersten und wichtigsten Lehrer zusammengebracht hatte, der ihr nicht nur die Grundzüge der Mathematik beibrachte, sondern auch zu ihrem Liebhaber wurde. Anfang 1734 traf sich Émilie mit Maupertuis zur ersten gemeinsamen Unterrichtsstunde.[1]

Der 1698 bei Saint Malo geborene Pierre Louis Moreau de Maupertuis, Mathematiker und Philosoph unternahm im Auftrag von Ludwig XV. eine Expedition nach Lappland zur Vermessung des Abstandes zweier Breitengrade. Er zählte zur Philosophenrunde von Friedrich II. in Potsdam und wurde 1746 zum Präsidenten der Preußischen Akademie der Wissenschaften berufen. 1734, zur Zeit der ersten Unterrichtsstunden von Émilie, gehörte Maupertuis bereits zu den führenden und angesehensten Gelehrten in Paris. Er hatte die wichtigsten Ränge in der Königlichen Akademie der Wissenschaften durchlaufen, war willkommener Gast in Pariser Salons und hatte dank seiner Beziehung zu Jean-Frédéric de Maurepas, dem Berater von Kardinal Fleury, Zutritt zum Hof von Versailles. Er war einer der wichtigsten Vertreter des Bruchs mit der alten, carte-

1 Im Januar 1734 beginnt die Korrespondenz beider; siehe auch Zinsser: Daring Genius, S. 61.

sianisch geprägten Welt. Maupertuis war eine extravagante Persönlichkeit. Er lebte in Paris in einer Wohnung im vierten Stockwerk, umgeben von einer Unzahl an Haustieren. Man traf ihn allerdings selten zu Hause an, dafür mehr in den Cafés und Salons, wo er ein gern gesehener und von den Frauen umschwärmter Gast war.[2]

Émilie war nicht die einzige Adlige, die Unterricht bei Maupertuis nahm, der wiederum selbst Schüler von Johann I. Bernoulli[3] gewesen war. Auch ihre Freundinnen, die Herzoginnen de Saint-Pierre, d'Aguillon und de Chaulnes, waren Schülerinnen bei dem berühmten Mathematiker.[4] Émilie allerdings hob sich deutlich von ihren Mitstreiterinnen ab. Sie machte schnell Fortschritte im Unterricht, und nach gerade einmal zwei Jahren war sie bereits in der Lage, mit Voltaire und Algarotti auf gleicher Augenhöhe über wissenschaftliche Fragen zu diskutieren.[5] Nach fünf Jahren des Studiums hatte sie sich von einer Amateurin zu einer ernstzunehmenden Spezialistin entwickelt.

Seit Januar 1734 schrieben sich Lehrer und Schülerin regelmäßig, manchmal täglich Briefe. Diese sind Zeugnis einer intensiven Beziehung, die über den reinen Zweck des Lernens hinausging. Émilie bedankt sich darin häufig für die vergangene Unterrichtsstunde und berichtet über ihre Studien zu Hause. Aber die Briefe sind auch Ausdruck einer starken Sehnsucht der Schülerin nach ihrem Lehrer. An einem Donnerstag im Januar 1734 schrieb sie beispielsweise an Maupertuis, dass ihr Leben in diesen Tagen chaotisch sei und dass ihre Seele ihn brauche, so sehr, wie ihr Körper sich nach Ruhe sehne. Sie erwarte ihn, und sein Besuch würde ihr große Freude

2 Badinter, Élisabeth : Les passions intellectuelles. Désirs de gloire, 1735–1751. Paris 1999, S. 61f.

3 Johann Bernoulli (1667–1748) war Schweizer Mathematiker und Arzt, der jüngere Bruder von Jakob I. Bernoulli und der Vater von Daniel Bernoulli und Johann II. Bernoulli.

4 Zinsser: Daring Genius, S. 70.

5 Badinter: Émilie, S. 211.

bereiten.[6] Gegenstand ihrer Briefe sind oft auch ihre Unzufriedenheit mit sich selbst als Schülerin oder der Wunsch, ihn zu sehen, um ihm von ihren Erlebnissen erzählen zu können. Sie empfand es als ein unverzeihliches Verbrechen, wenn sie sich schlafen legte, ohne ihm nicht zuvor einen Brief geschrieben zu haben.[7] Unter seiner Abwesenheit litt sie stark.

Die begabte Meisterschülerin war auch gequält von Minderwertigkeitskomplexen. Sie fühlte sich seiner Unterrichtsstunden nicht würdig und gestand dem Lehrer, dass sie kein *Géomètre* werden möchte, sondern die Stunden nur aus Liebe zu ihm nehme.[8] Maupertuis wurde dann während des schwierigen Jahres für Voltaire und Émilie nach dem Erhalt der *Lettre de cachet* aufgrund der Publikation von Voltaires *Lettres philosophiques* zum engen Freund und Rückenstärker. Am 6. Mai 1734 schrieb Émilie an den Lehrer: „Ihre Freundschaft, Monsieur, war der Liebreiz meines Lebens in meiner glücklichsten Zeit, d.h. in der Zeit, als ich Sie oft sehen durfte. So können Sie sich vorstellen, wie sehr sie mir in meinem Unglück unerlässlich ist: Ich verliere gerade Voltaire."[9]

Beide trafen sich über den Unterricht hinaus auch zu anderen Gelegenheiten, mal zum Spaziergang zu dritt mit Madame de Saint-Pierre im an der Seine gelegenen Jardin du Roi, dem heutigen Jardin des Plantes, im Château de Madrid im Bois de Boulogne, im Café Gradot oder einfach nur zum Abendessen im Hause du Châtelet.[10] In den Briefen an den Lehrer ging es immer wieder auch

---

6 Correspondance d'Émilie Du Châtelet, Kölving/Brown, Lettre 7, S. 129.

7 Ebd., S. 130.

8 Émilie du Châtelet an Maupertuis, 28. April 1734, Besterman, Bd. 1, S. 36, Correspondance d'Émilie Du Châtelet, Kölving/Brown, Lettre 16, S. 133.

9 Émilie du Châtelet an Maupertuis, 6. Mai 1734, Besterman, Bd. 1, S. 39, Correspondance d'Émilie Du Châtelet, Kölving/Brown, Lettre 17, S. 135.

10 Émilie du Châtelet an Maupertuis, Januar 1734, Besterman, Bd. 1, S. 35, Correspondance d'Émilie Du Châtelet, Kölving/Brown, Lettre 7, S. 129.

um Verabredungen und Informationen, wann man sich wo sehen könnte.

Das Café Gradot, in dem sich beide häufig trafen, war eine Institution in Paris. Zu Beginn des 18. Jahrhunderts, als türkische Botschafter den ersten Kaffee nach Paris brachten, entstanden auch die ersten Cafés, wo man das noch luxuriöse Produkt genießen konnte. Ausgegangen war der neue Trend des Kaffeetrinkens in Wien, von dort aus sollte er sich schnell in ganz Europa ausbreiten. Das erste Café in Paris war das Pascal neben der Abtei von Saint-Germain-des-Près, rasch folgten ihm andere wie Alep und Procope[11], das wie das Café Gradot nahe der Comédie-Française lag. Im Gradot trafen sich vor allem Wissenschaftler, Philosophen und Mathematiker sowie die Mitglieder der Akademie. Zunächst bestand noch Frauenverbot in diesen Cafés. Entweder waren sie in Begleitung von Männern in Separées geduldet oder die Frauen warteten vor dem Café in ihren Kutschen wie Émilie bei ihren Verabredungen mit Maupertuis.[12]

Zu Beginn des Jahres 1735 vertiefte sich die Beziehung zu Maupertuis. Briefe vom Januar verdeutlichen, wie sehr Émilie sich nach Maupertuis sehnte, sie vereinbarte Verabredungen zum Souper und schlug ihm mehrere Möglichkeiten vor: Sie warte nach der Oper am Café Gradot auf ihn oder er komme später zu ihr.[13] Aber 1736 geriet die Liebesbeziehung zu Maupertuis, als dieser zur Exkursion in den Norden, aufbrach, in eine Krise und wurde schließlich von Maupertuis beendet. Im August 1734 deuteten sich bereits erste

11 Gegründet von dem Sizilianer Francesco Procopio dei Coltelli im Jahr 1686. Hier trafen sich vor allem Schauspieler, Künstler und Schriftsteller wie Voltaire, J.-B. Rousseau, La Motte oder Marmontel, Sébastien Longchamp: Anecdotes sur la vie privée de Monsieur de Voltaire. Texte établie par Frédéric S. Eigeldinger, présenté et annoté par Raymond Trousson. Paris 2009, S. 82.

12 Edwards: Göttliche Geliebte, S. 61f. und 66.

13 Besterman, Bd. 1, S. 56ff., Correspondance d'Émilie Du Châtelet, Kölving/Brown, Lettre 31, S. 155ff.

Anzeichen von Eifersucht auf Seiten Émilies an. Wie so oft verlangte sie wieder danach, Neuigkeiten von Maupertuis zu hören. Und mit einer leichten Spitze eröffnete sie ihm: „Sie können sich sicher sein, dass Madame de Lauraguais, Madame de Saint-Pierre und all die anderen Herzoginnen der Welt niemals solch eine zärtliche Liebe für ihn empfinden wie Madame de Cirey."[14] Am 28. März 1736 schrieb sie erzürnt aus Cirey, dass er ruhig zum Pol aufbrechen könne, ohne ihr zu schreiben. Es waren mittlerweile sechs Monate vergangen, in denen sie nichts von ihm gehört hatte. Über seine Abreise hatte sie in den Gazetten gelesen. Sie beklagte, dass auch Clairaut sie verlassen habe, und warf Maupertuis vor, dass er daran schuld sei. Versöhnend versicherte sie ihm schließlich, dass sie an allem interessiert sei, was er erlebe, und „meine Wertschätzung für Sie, Monsieur, ist stärker als all Eure Strenge".[15] Umso verletzter folgte dann am 18. Juli der endgültige Bruch: „Ich bin dazu bereit Ihr Schweigen zu verzeihen, auch all ihre Fehler, aber man hat mir schreckliche Nachrichten aus Paris erzählt, dass sie mich für Madame la Duchesse de Richelieu verlassen haben."[16] Sie empfand sich als die würdigere Geliebte, die sich wirklich für ihn interessierte. Trotz seiner Strenge, Koketterie und Oberflächlichkeit sei sie die Person der Welt, die ihn am wahrhaftigsten liebe. Émilie war zutiefst enttäuscht. Sie war von Maupertuis immer wieder versetzt worden, hatte monatelang vergeblich auf seine Briefe gewartet, und nun musste sie von Dritten erfahren, dass er eine Affäre mit Madame de Richelieu hatte. Dennoch blieben sie einander freundschaftlich verbunden und schrieben sich noch Jahre später Briefe, vor allem auch, um sich über mathematische Fragen auszutauschen.

14 Besterman, Bd. 1, S. 79, Correspondance d'Émilie Du Châtelet, Kölving/Brown, Lettre 47, S. 180.

15 Besterman, Bd. 1, S. 107, Correspondance d'Émilie Du Châtelet, Kölving/Brown, Lettre 68, S. 214.

16 Besterman, Bd. 1, S. 121.

NICHT NUR EIN ENGER FREUND – RICHELIEU

Während der Sommermonate des Jahres 1735 lebten Voltaire und Émilie in arbeitsamer Symbiose in Cirey. Sie vertieften sich in ihrer glücklichen Einsamkeit in Studien der Algebra und der englischen Literatur. Voltaire schrieb in höchster Produktivität an *La Pucelle*, *Le Siècle de Louis XIV* und *La mort de Jules César*. Gemeinsam lasen sie Locke, Pope und Newton, diskutierten über wissenschaftliche Fragen, insbesondere über Arbeiten von Mairan und Maupertuis, aber auch über Themen der Metaphysik und Religion, beispielsweise über den Bibelkommentar des Pater Calmet.[1]

In diesem Jahr wurde der gemeinsame Freund Louis-François-Armand de Vignerot du Plessis, Duc de Richelieu zu einem der intensivsten Korrespondenzpartner. Ihm offenbarte Émilie ihre Sorgen, Ängste und Hoffnungen. Wie sie ihm in einem Brief im Mai 1735 versicherte, baute sie auf ihr großes gegenseitiges Verständnis und empfand großen Liebreiz in seiner Gesellschaft. Sie sei sich sicher, dass niemand anderes seine Freundschaft stärker schätzte als sie.[2] Er war für sie ein Mann, der seine Freunde bedingungslos liebte, auch trotz ihrer Fehler. In ihm lag ihre Hoffnung und Trost;

---

1 Badinter: Émilie, S. 273.

2 22. Mai 1735, Besterman, Bd. 1, S. 64f., Correspondance d'Émilie Du Châtelet, Kölving/Brown, Lettre 42, S. 164ff.

er milderte ihren Schmerz über die Abwesenheit derjenigen, die ihr nahestanden.[3]

Der Duc de Richelieu, „der schönste Mann und erfolgreichste Don Juan seiner Zeit“[4], war einer der engsten gemeinsamen Freunde. Louis-François-Armand de Vignerot du Plessis zählte zu den hohen Militärs und Staatsmännern seiner Zeit. Der Großneffe des Kardinals de Richelieu - Erster Minister unter Ludwig XIII. - wurde 1696 geboren und starb 1788, erreichte also ein für die Zeit ansehnliches Alter von 92 Jahren. Als französischer Botschafter in Wien, wo er vier Jahre verbrachte, errang er erste für die weitere Karriere wichtige Erfolge. So handelte er 1725 den schwierigen Friedensvertrag zwischen Frankreich und Österreich aus. Ab 1733 kämpfte er als Oberst und dann während des Österreichischen Erbfolgekriegs als Generalleutnant am Rhein bei Fontenoy und Dettingen. 1748 wurde er Marschall von Frankreich.

Émilie und der Duc waren sich das erste Mal 1725 bei der Cousine von Émilie begegnet, kurz vor Richelieus Abreise nach Wien, wo er seinen Dienst als Botschafter antrat. Erst drei Jahre später sahen sie sich wieder. Zu dieser Zeit war Richelieu bereits seit fünf Jahren Mitglied der Académie française. 1729 kehrte Richelieu wieder aus Wien zurück, und bald darauf ließen sich beide auf eine kurze Liebesbeziehung ein, die in eine dauerhafte freundschaftliche Verbindung übergehen sollte. Im Sommer 1729 war Richelieus Frau gestorben, woraufhin er sehr zurückgezogen lebte und Versailles mied. Er traf sich höchstens mit Freunden oder war öfters als Gast zum Diner bei Émilie.[5]

Von Anfang an bestand zwischen beiden vor allem ein geistiges Band. Er war interessiert an Literatur und Philosophie und Voltaire war seit Jahren sein Freund. Richelieu wurde daher auch Émilies Ansprechpartner, wenn sie ihr Leid über den Geliebten teilen

---

3 30. Mai 1735, ebd., S. 68.

4 Reinhardt: Voltaire, S. 200.

5 Edwards: Göttliche Geliebte, S. 37ff.

wollte. In einem Brief vom 30. Mai gestand sie dem Freund ihre Sorge, dass sie Voltaire früher oder später an Paris verlieren würde oder dass sie ihr Leben lang befürchten müsse, ihn zu verlieren. In diesem Brief findet sich zudem eines der innigsten Liebesgeständnisse Voltaire gegenüber: „Ich liebe ihn genug, das versichere ich Ihnen, um mein Glück zu opfern, um mit ihm uneingeschränkt zu leben."[6] Mit aller Offenheit berichtete sie dem Freund von ihrer Liebe zu Voltaire, aber auch von ihren Skrupeln, mit ihm in Cirey zu leben und dabei möglicherweise die Gefühle ihres Gatten zu verletzen. Sie war davon überzeugt, dass Voltaire nur in Cirey die notwendige Ruhe finden würde. Sie war sich zugleich bewusst, dass das gemeinsame Leben dort den Argwohn ihres Mannes provozieren könnte.[7] Émilie sah in der Flucht und im Rückzug nach Cirey die einzige Lösung für Voltaire und ihren weiteren gemeinsamen Lebenslauf. Ihr war außerdem klar, dass dies keine Begeisterung bei dem Marquis auslösen würde. Obwohl der Marquis tolerant war, schien sich Émilie freier zu fühlen, wenn er an der Front und damit abwesend war. Anscheinend zeigte der Marquis anfangs noch Gefühle der Eifersucht gegenüber Voltaire.

Richelieu war auch der Vertrauensmann in der schwierigen Beziehung zu Maupertuis und dessen Distanz ihr gegenüber: „Maupertuis geht an den Pol, um die Erde zu vermessen. Er kann nicht mehr mit mir in Paris bleiben. Er ist von einer Unruhe im Geiste besessen, die ihn unglücklich macht."[8] Die Länge der Briefe, die sie an Richelieu schrieb, bezeugt die Intensität der Freundschaft, die beide verband. Immer wieder reflektierte die Naturphilosophin über den einzigartigen Wert dieser Freundschaft: „Die Freundschaft

---

6 An Richelieu, um den 30. Mai 1735: Besterman, S. 69; Correspondance d'Émilie Du Châtelet, Kölving/Brown, Lettre 43, S. 169.

7 An Richelieu, 15. Juni 1735, Besterman, S. 74 ; Correspondance d'Émilie Du Châtelet, Kölving/Brown, Lettre 45, S. 175, hier datiert auf den 30. Juni 1735.

8 Ebd., S. 75 bzw. 176.

eines Herzens wie das Ihrige erscheint mir das größte Geschenk des Himmels.“[9] Für sie waren die Freundschaft zu Richelieu und die Liebe zu Voltaire unschätzbare Güter. Richelieu war für Émilie eine Ausnahmeerscheinung. Sie beteuerte immer wieder, wie sehr ihr an der Freundschaft Richelieus gelegen sei bei gleichzeitiger Liebe zu Voltaire: „Ich habe alles verlassen, um mit dieser einzigen Person zu leben, und ich würde das gesamte Universum verlassen, außer dieser Person, um die Süße der Freundschaft mit Ihnen zu genießen.“[10] In diesem Brief spielte Émilie auch auf die kurzzeitige Affäre mit Richelieu an und schien das Verhältnis klar stellen zu wollen. Richelieu war seit einem Jahr verheiratet, und sie selbst liebte Voltaire.[11]

In Richelieu hatte sie auch einen dankbaren Gesprächspartner für kulturelle und gesellschaftliche Erlebnisse und Ereignisse in der Stadt. Neben diesen tiefen Gefühlen, die sie ihrem Freund in sehr langen Briefen anvertraute, berichtete sie immer wieder auch von Klatsch und Neuigkeiten aus Paris und Versailles. Thema waren auch Berichte von Opernbesuchen oder Lektüreerlebnisse wie in einem Brief vom 15. Juni 1735, in dem sie Richelieu berichtete, dass sie die Opern *Aben Said* und *Vie de Turenne* besucht habe. Während eines mehrtägigen Aufenthalts in Chantilly schrieb sie ihm am 21. Mai, wie sehr sie sich dort langweile und sie dieses Gefühl nur in der Champagne verlasse.[12] Im Spätsommer und Herbst pausierten die Briefe an Richelieu, da dieser Voltaire und Émilie im November 1735 in Cirey besuchte.[13]

---

9 An Richelieu, um den 1.12.1735, Besterman, S. 91f.
10 Besterman, S. 91f.
11 Mauro: Émilie du Châtelet, S. 73.
12 An Richelieu, 21. Mai 1735, Besterman, S. 63.
13 Mauro: Émilie du Châtelet, S. 73.

GEMEINSAM FÜR NEWTON – ALGAROTTI

Die ersten Monate des Jahres 1736 waren vom gewohnten ruhigen und arbeitsamen Leben in Cirey geprägt. Voltaire war mit metaphysischen Fragen beschäftigt und im Schlosstheater probten sie an einer Komödie, in der Émilie ihr Talent als Schauspielerin bewies.[1] Voltaire fühlte sich in diesen Tagen krank und Émilie saß oft bei ihm am Bett und las aus den *Tusculanae disputationes* von Cicero oder aus dem vierten Kapitel von Popes *Essay on Man* vor.[2]

Wie sehr Voltaire in der gemeinsamen arbeitsamen Zeit im Frühjahr 1736 an seiner Émilie hing und wie sehr sie die wichtigste Vertrauensperson für ihn war, zeigen die Briefe insbesondere im Februar 1736, in denen er immer wieder liebevoll über seine Marquise schreibt, so beispielsweise an Jean-Bernard Le Blanc, gegenüber dem er den universellen Geist der Marquise du Châtelet lobt, die alle Künste umarmt und die Vergil wie Locke gleichermaßen beurteilen kann.[3] Für Voltaire verwandelte Émilie die Wüste

---

1 Voltaire an Thieriot, 22. Januar 1736, Voltaire, Correspondence, Vol. V, Brief 961, S. 27.

2 Voltaire an Thieriot, Cirey, 9. Februar 1736, Voltaire, Correspondence, Vol. V, Brief 971, S. 44. Dieses philosophische Werk Ciceros besteht aus fünf Büchern und entstand in der zweiten Jahreshälfte 45 v. Chr. Der Titel wird auf deutsch meist mit „Gespräche in Tusculum" übersetzt.

3 Voltaire an Jean Bernard Le Blanc am 1. Februar 1736, Correspondence, Vol. V, Brief 965, S. 33.

in einen köstlichen Aufenthaltsort, wie er an Cideville aus Cirey schrieb.[4] Er lebe zwischen Newton und Émilie, berichtete er im August wiederum an den Freund Cideville und bat ihn, nach Cirey zu kommen, wo sie beide für ihn die Dreiecke und Krümmungen verlassen würden, wo sie Verse schrieben und über Horaz, Tibul und ihn, den Freund, sprechen würden.[5]

Im August 1736 schrieb Voltaire an Émilie, in einem der wenigen erhaltenen Briefe ihrer Korrespondenz, über die Blumen und Dornen, die er ihr überbringe: „Hier sind Blumen und Dornen, die ich dir schicke. Ich bin wie der heilige Pacomus, der auf seinem durchlöcherten Stuhl die Frühmette betete und zum Teufel sagte: ‚Mein Freund, was nach oben geht, ist für Gott; was nach unten fällt, ist für dich. Der Teufel ist Rousseau; und was Gott betrifft, so wissen Sie, dass Sie es sind'."[6]

Der Herbst 1736 stand stark unter dem Zeichen der mathematischen und philosophischen Studien. Sie lasen gemeinsam die *Dioptrique* von Descartes.[7] Er studierte die Philosophie Newtons „mit den Augen von Émilie, die für ihn noch bewundernswerter als Newton selbst" war.[8] Immer wieder kommt er ins Schwärmen über seine „göttliche Geliebte". Voltaire lud Jean-François Leriget de La Faye ein und beteuerte, dass er mit der Hausherrin zufrieden sein werde – einer Dame, die Newton verstehe und die Verse und den Champagner ebenso liebe wie er.[9]

Zu Beginn des Jahres 1737 reiste Voltaire nach Amsterdam, um ein Auge auf den Druck seiner Newton-Abhandlung *Eléments de*

---

4 Voltaire an Cideville am 25. März 1736, Correspondence, Vol. V, Brief 1007, S. 104.

5 Voltaire, Correspondence, Vol. V, Brief 1077, S. 208.

6 Voltaire, Correspondence, Vol. V, Brief 1085, S. 219.

7 Voltaire an Henri Pitot aus Cirey am 31. August 1736, Voltaire, Correspondence, Vol. V, Brief 1092, S. 228.

8 Voltaire an Berger, Correspondence, Vol. V, Brief 1093, S. 230.

9 Voltaire an Jean François Leriget de La Faye, 20. Oktober 1736, Voltaire, Correspondence, Vol. V, Brief 1130, S. 285.

la philosophie de Newton zu werfen.[10] Es ist sehr wahrscheinlich, dass die Marquise an dieser Abhandlung mitwirkte.[11] Auch dieses Werk löste einen Skandal aus. Verzweifelt schrieb er an die zurückgebliebene Émilie aus Leiden über die Artikel in den dortigen Zeitungen, nachdem die ersten Seiten der *Eléments* gedruckt waren. Er müsse Frankreich wieder verlassen, um einer Verhaftung zu entgehen.[12] Am 25. Januar schickte er Émilie die ersten Probedrucke der Schrift.[13] Voltaire hielt sich bis Ende Februar in Leiden auf und kehrte erst am 1. März wieder nach Cirey zurück. Hier zog er sich erst einmal zurück, erholte sich von den Strapazen und duldete lediglich die Gesellschaft von guten Freunden. Wie es aussah, gab es erst einmal kein Zurück nach Paris.[14]

In dieser Zeit spielte ein weiterer Newtonianer eine Rolle im Leben der beiden: Francesco Algarotti, einer der bevorzugten Höflinge Friedrichs von Preußen und Mitglied von dessen „cercle intime" in Sanssouci. Algarotti (1712–1764), Sohn eines venezianischen Kaufmanns, hatte in Bologna studiert und war in den 1730er Jahren auf ausgedehnten Reisen in Europa unterwegs, die ihn u.a. nach Cirey führten. An der Universität in Bologna hatte er sich eingehend mit Newton beschäftigt und einige Experimente nachvollzogen, was ihm die Mitgliedschaft der Royal Society in London einbrachte. Friedrich verlieh ihm 1740 den Grafentitel. Von 1747 bis 1753 lebte Algarotti in Berlin und am Potsdamer Hof, seit 1747 war er Mitglied der Preußischen Akademie der Wissenschaften.

1735 war er erstmals zu Gast in Cirey. Voltaire schätzte Algarottis hohe Bildung und Kenntnisse in Sprachen und Sitten aller Länder, seine Begabung, Verse wie Ariost zu schreiben, sowie seine profun-

---

10 Voltaire an Émilie, 8. Januar 1737, Voltaire, Correspondence, Vol. VI, Brief 1193, S. 11.

11 Badinter: Émilie, S. 273.

12 Am 16. Januar 1737, Voltaire, Correspondence, Vol. VI, Brief 1200, S. 19.

13 Voltaire, Correspondence, Vol. VI, Brief 1211, S. 43.

14 Voltaire an d'Argental, Cirey, 1. März 1737, Voltaire, Correspondence, Vol. VI, Brief 1233, S. 80.

den Kenntnisse der Philosophie Lockes und Newtons.[15] In Cirey las Algarotti den beiden Gastgebern aus den philosophischen Abschnitten seines Werkes *Le Newtonianisme pour les dames*[16] vor. In diesen Dialogen erklärte Algarotti schwierige naturwissenschaftliche Probleme elegant und leicht verständlich. Das Werk wurde zum Bestseller und in mehrere Sprachen übersetzt.

Immer wieder kehrten ihre Gespräche in diesen Tagen zu Newton und Locke zurück, nicht ohne exzellenten Wein der Champagne zu genießen.[17] Im Frühjahr und Sommer 1736 tauschten der Italiener und die Marquise einige Briefe aus. Im April ging es vor allem um das Manuskript von Algarotti, auf das Voltaire und Émilie nun ungeduldig warteten, denn er hatte ihnen seine Newton-Dialoge bereits versprochen. Grund dafür war auch, dass Émilie zu Beginn der Schrift erwähnt wird. Sie fühlte sich sehr geehrt, am ‚Kopf' dieser Veröffentlichung zu stehen, die voller Esprit, Grazie, Vorstellungskraft und Wissenschaft sei.[18] Zwei Monate später steht England, das Land Newtons, im Zentrum ihrer Korrespondenz. Sie beglückwünschte Algarotti, in London zu sein. Für sie war England das Land der Tugend. Sie wünschte sich allerdings, dass er dieses Land bald verlasse, um wieder nach Cirey zu kommen, in ihr „Königreich Cirey, das nicht von dieser Welt war". Es sollte aber noch eine Weile dauern, bis Algarotti schließlich im September in Cirey eintraf.[19] In der Zwischenzeit erklangen von Lothringen aus

15 Voltaire an Thieriot, Cirey, 3. November 1735, Voltaire, Correspondence, Vol. IV, Brief 904, S. 168.

16 *Il newtonianismo per le dame ovvero Dialoghi sopra la luce e i colori.* Neapel [eigentlich Venedig] 1737, die französische Übersetzung *Le Newtonianisme pour les dames, ou Entretiens sur la lumière, sur les couleurs, et sur l'attraction* erschien 1738.

17 Voltaire an Thieriot, Cirey, 3. November 1735, Voltaire, Correspondence, Vol. IV, Brief 904, S. 168.

18 Émilie an Algarotti, Cirey, 20. April 1736, Correspondance d'Émilie Du Châtelet, Kölving/Brown, Lettre 70, S. 215.

19 An Algarotti, 15. Juni 1736, Correspondance d'Émilie Du Châtelet, Kölving/Brown, Lettre 73, S. 225.

sehnsuchtsvolle Rufe zu Algarotti: Cirey erwarte ihn, sie, Voltaire und Émilie, könnten gar nicht ausdrücken, wie sehr sie sich ihn hierher wünschen; sie habe schon immer ein großes Verlangen nach England gehabt, und nun nach allem, was Algarotti ihr davon erzählt habe, werde ihr das Land zur Leidenschaft. Sie hoffe, dass sie dieses Verlangen eines Tages befriedigen könne.[20] Der ersehnte Besuch Algarottis folgte dann im September 1736.[21] Zwei Jahre später, 1738, fasste Émilie dann den Plan, mit Algarotti, dem Abbé du Resnel und Maupertuis nach England zu reisen. Denn die Newtonianer würden hier, in Frankreich, wie Häretiker betrachtet.[22]

Während Voltaire Algarotti schmeichelte und ihn als „poetischen Philosophen“ bezeichnete, gestand er seinem Freund Maupertuis seine Zweifel hinsichtlich Algarottis wissenschaftlicher Qualifikation.[23] Nach der Lektüre von Algarottis Buch *Le Newtonianisme pour les dames* glaubte er zwar, dass dieses in Italien Erfolg haben werde, bezweifelte dies aber für Frankreich.[24] In seinen Briefen aus dem Jahr 1738, beispielsweise an Berger, erwähnte Voltaire mit unzweifelhafter Eitelkeit immer wieder sein eigenes Werk *Eléments de la philosophie de Newton* und äußerte sich abschätzig über das Newton-Buch des Italieners. Vor allem am Titel *Le Newtonianisme pour les dames* störte er sich, und die imaginäre Marquise war seiner Ansicht nach deplaziert.[25] Voltaire hatte seine Newton-Abhandlung ebenfalls populärwissenschaftlich aufgezogen, um Newtons Erkenntnisse

20 An Algarotti, 10. Juli 1736, Correspondance d'Émilie Du Châtelet, Kölving/Brown, Lettre 74, S. 226f.

21 Voltaire an Thieriot, Cirey, 5. September 1736, Voltaire, Correspondence, Vol. V, Brief 1096, S. 236.

22 Émilie du Châtelet an Algarotti, 10. Januar 1738, Voltaire, Correspondence, Vol. VII, Brief 1358, S. 10, Correspondance d'Émilie Du Châtelet, Kölving/Brown, Lettre 129, S. 322f.

23 Voltaire an Algarotti, Cirey, 2. Februar 1738, Voltaire, Correspondence, Vol. VII, Brief 1379, S. 54.

24 Voltaire an Maupertuis, Cirey, 22. Mai 1738, Voltaire, Correspondence, Vol. VII, Brief 1445, S. 189f.

25 Voltaire, Correspondence, Vol. VII, Brief 1439, S. 176.

einem allgemeinen Publikum näherzubringen. Hintergrund seiner Polemik gegen Algarotti war wohl die Tatsache, dass er sich als „Erster“ sah, der die Erkenntnisse Newtons seiner Nation nahegebracht hatte.[26]

Francesco Algarotti dagegen war Voltaire gegenüber wohlwollender gesonnen. Aus London berichtete er im April 1739, dass er im dritten Himmel schwebe, dass er den „prince adorable“ gesehen habe, den Schüler von Trajan, den Rivalen von Marc Aurel und dieser habe gut über Voltaire gesprochen.[27] Auch vermittelte er hin und wieder zwischen Voltaire und Friedrich, wenn dieser nicht direkt an den französischen Dichter schreiben konnte oder schlicht nicht die Zeit dazu hatte. Zuweilen schickte Voltaire seine Briefe über Algarotti an Friedrich.[28] In dem Streit mit Samuel König nach dessen Entlassung aus Cirey wandte sich Émilie du Châtelet wiederum an Algarotti. Am 1. März 1741 bat sie ihn um einen Gefallen: Falls sich König an ihn wenden sollte, um dessen Fürsprache für die Aufnahme in die Berliner Akademie der Wissenschaften zu erbeten, solle er dies ablehnen. Sie appellierte an Algarottis Freundschaft, sich nicht für den Gegner, der ihr so viel Ungutes angetan hat, einzusetzen.[29] Hier zeigt sich einmal mehr, mit wie viel Geschick die Marquise ihr Netzwerk für ihre Angelegenheiten einzuspannen verstand.

---

26 Voltaire, Mémoires, S, 109.

27 1. April 1739, Voltaire, Correspondence, Vol. IX, Brief 1869, S. 62.

28 Francesco Algarotti an Voltaire, Berlin, 1. Oktober 1740, Voltaire, Correspondence, Vol. X, Brief 2182, S. 260.

29 Besterman, Bd. 2, S. 44, Nr. 263, Correspondance d'Émilie Du Châtelet, Kölving/Brown, Lettre 331, Bd. 2, S. 13.

LANDLEBEN UND SCHLOSS-VERWALTUNG

Florent Claude du Châtelet hielt sich in den Jahren 1737/38 und 1740/41 nur in größeren Abständen in Cirey auf. Anlass waren vor allem verschiedene Projekte auf dem Anwesen. Neben der Ausweitung des Forstgebiets ließ er eine Mühle, einen Versammlungsort sowie einen Gerichtsraum im Dorf Cirey sur Blaise errichten.[1] Während der Zeiten, in denen Florent Claude wieder an die Front musste, übernahm Émilie die Verwaltungsarbeiten in Schloss und Hof. Unterstützung fand sie bei ihrem Intendanten Simon Martin de la Bonardière.

Wenn der Marquis keine Soldaten an der Front befehligte und sich in Cirey aufhielt, unterstützte er auch Voltaire in verschiedenen Angelegenheiten. Der Marquis setzte Verträge für Voltaire auf oder kaufte Kleidung für ihn; der Transfer von Geldbeträgen zwischen beiden wurde über den Vertrauten Bonaventure Moussinot abgewickelt.[2] Erstaunlicherweise machte sich der Marquis auch durch Überbringerdienste für Voltaire nützlich, so brachte er in dessem Auftrag Bücher an d'Argental oder Manuskripte von *Mahomet* und

1 Zinsser: Daring Genius, S. 110.

2 Voltaire an Bonaventure Moussinot, 18. März 1737, Voltaire, Correspondence, Vol. VI, Brief 1240, S. 94, 27. oder 30. März 1737, Voltaire, Correspondence, Vol. VI, Brief 1245, S. 103 und 17. oder 20. April 1737, Voltaire, Correspondence, Vol. VI, Brief 1255, S. 120.

Zulime aus Brüssel nach Paris.[3] Eine große Anziehung strahlte auch der Lothringische Hof ab Herbst 1738 aus. Nach dem Frieden von Wien verlor Stanislas[4] Leszczyński den polnischen Thron und erhielt 1737 den Herzogstitel für Lothringen und das Herzogtum Bar. Der Hof in Nancy und in Lunéville lebte auf und in Cirey war man nur 13 Reitstunden davon entfernt.

In den langen Intervallen der Abwesenheit des Marquis kümmerte sich Émilie um alle Angelegenheiten des Anwesens. Dazu zählten auch so bodenständige Aufgaben wie die Annahme von Backstein- und Dachziegellieferungen für die Renovierung des Schlosses und die Begleichung entsprechender Rechnungen. Sie sorgte dafür, dass das notwendige Werkzeug wie Messer und Nägel ausreichend vorhanden und im Winter genügend Kohle vorrätig war, damit das Schloss beheizt werden konnte.[5]

Ebenso war die Ausstattung der Küche und die Organisation des Haushaltes ein stetes Thema und beschäftigte die Marquise neben ihrer wissenschaftlichen Arbeit. Sei es die Anschaffung von Silberplatten, die Anlieferung von Leuchtern und anderen Silbergegenständen - all dies war, um ihre große Gastfreundschaft zu erfüllen, für Émilie und Voltaire eine immerwährende Aufgabe.[6] Während

3 Voltaire an Bonaventure Moussinot, 30. Mai 1737, Voltaire, Correspondence, Vol. VI, Brief 1274, S. 152, Brief von Voltaire an d'Argental, 3. Mai 1738, Voltaire, Correspondence, Vol. VII, Brief 1427, S. 154; Voltaire an Jeanne Françoise Quinault, Correspondence, Vol. X, Brief 2038, S. 40.

4 Im vorliegenden Text wird die französische Schreibweise verwendet.

5 Memoir an den Marquis über Backsteinlieferungen für das Château de Cirey: am 15. Juni, 4. Juli, 18., 19. und 21. Oktober 1735; Rechnungen über Messer, Nägel und anderes Werkzeug; Rechnung von Guillaume Tuillier an den Marquis über eine Lieferung von Kohle für das Château de Cirey. Archives départementales de la Haute-Marne (ADHM) 100 J 469; eine Rechnung über 3100 (Livres) für die Lieferung von Dachziegeln. 22. Juni 1736, an den Marquis. ADHM 100 J 469.

6 Eine Quittung an die Marquise über 120 Livres für die Herstellung und Lieferung von Silberplatten für Cirey, 29. Mai 1737; Rechnung für mehrere Leuchter für die Marquise, März 1737; Rechnung über die

für die schriftstellerischen Arbeiten Papier, Briefpapier und Kerzen notwendig waren, mussten für die Diners und Soupers, zu denen oft Gäste geladen waren, Lebensmittel in großen Mengen bestellt werden.[7] Auch das Mobiliar erforderte immer wieder ihre Aufmerksamkeit, entweder mussten Möbel ausgebessert oder repariert werden oder es wurden neue angeschafft.[8] Mit den umfangreichen Renovierungsarbeiten in den Jahren 1734 und 1735 war es noch lange nicht getan, immer wieder waren weitere Restaurierungen notwendig. So kam der Stuckateur Louis Daoult im Juni 1738 nach Cirey, um im Kabinett der Marquise Stuckornamente auszubessern. Auch die Treppenstufen mussten erneuert werden.[9] Ein Ofenbauer aus Chaumont kam u.a. im Juli 1737 nach Cirey, um einen Ofen zu reparieren, und in Voltaires Zimmern waren im November 1737 bereits wieder Auffrischungen erforderlich.[10]

Summe von 339 Livres an die Marquise für Silber, Cirey, 6. Juli 1737, ADHM 100 J 470.

7 Siehe z.B. Memoir an die Marquise über 741 Livres für Papier, Briefpapier, Kerzen, Stopfen, Orangen, Zitronen, Käse, Confiture, Feigen, Reis, Brot, Senf u.a. und für Briefpost/Aufgabe (post de lettre 1737), ADHM 100 J 470

8 Eine Rechnung von Binard für Möbel: Stühle, Sessel etc. über 106 Livre. Eine weitere Rechnung vom Sculpteur Charles Binard für Arbeiten in Cirey am 2. Oktober 1737; Reparaturen an Sesseln und Stühlen. ADHM 100 J 472.

9 Rechnung vom Sculpteur Louis Daoult für Putz- und Gipsarbeiten im Kabinett der Marquise in Cirey; Ausbesserung von Stuckornamenten in den vier Ecken des Zimmers, am 3. Juni 1738; siehe auch die Rechnung über 228 Livres vom Steinmetz für Arbeiten in Cirey, 22. Januar und 3. Juni und 2. Juli 1738, für die Ausbesserung von Treppenstufen. ADHM 100 J 472.

10 Rechnung von Rozotte, Ofenbauer in Chaumont, für die Reparatur des Ofens an den Marquis; über 50 Livres; 2. Juli 1737, ADHM 100 J 470 und Rechnung vom 14. November 1737, u.a. für das Herrichten des Zimmers von Voltaire in Cirey; über 48.14 Livres, ADHM 100 J 470.

Neben den Restaurierungen im Schloss waren Arbeiter für gewisse Tagesdienste im Park beschäftigt, so z.B. zum Bau und zur Ausbesserung einer Brücke auf dem Terrain von Cirey.[11] In den ausgedehnten Wäldern arbeiteten Holzfäller, die auf den Rechnungen namentlich aufgeführt sind; für jeweils sechs Tage à sechs Livres erhielten sie insgesamt 241 Livres.[12] Auch die Bezahlung der Forstarbeiter oblag der Marquise[13], die Versorgung der Pferde und Kutschen sowie der Verkauf von Pferden. Bei all diesen Verwaltungsarbeiten stand der Marquise der treue und langjährige Diener Monsieur de la Bonardière zur Seite. Über ihn liefen die Bezahlungen der Arbeiter und Lieferanten.[14] Neben Bonardière unterstützte der Fermier général du Domaine de Cirey, also der Gutsverwalter, Chretien, die Marquise in allen Fragen, die die Land- und Forstwirtschaft betrafen.[15] Ein besonderes Auge hatte Émilie für den Park und die Obstgärten. Sie sorgte dafür, dass der Obstbaumbestand erhalten blieb, und zahlte beispielsweise über 127 Livres an den Gärtner für die Lieferung von Pfirsich-, Pflaumen-, Apfel- und Birnenbäumen, wie eine Rechnung an die Marquise belegt.[16]

---

11 Quittung über 80 Livres von Louis Daoult für die Tagesdienste, Cirey, 26. August 1737; Rechnung über 72 Livres für einen Brückenbau in Cirey, an den Marquis, 27. Juni 1737, ADHM 100 J 470.

12 Dieu Donne Moreau, Dominique Petit Jean, Louis Petit Jean, Claude Petit Jean fils, Antoine Troyon, Joseph Petit Jean, Rechnung vom 23. April 1738; siehe auch weitere Rechnungen von Holzzuschneidern, teilweise 18 Arbeiter, ADHM 100 J 471.

13 Mehrere Rechnungen/Quittungen im April 1738 für Zahlungen/Gehälter an Forstarbeiter, ADHM 100J471.

14 Rechnung über verschiedene Dinge, die Pferde und Kutschen betreffend, Zaumzeug etc., auch für Voltaire; 5 Sattelgurte für M. de la Bonardière, ADHM 100 J 472; Quittung für den Erhalt von 350 Livres von M. Chretien für den Verkauf von Pferden für den Marquis, 1741, ADHM 100 J 478. Vgl. auch die Quittung von Blaise Gerard über eine Summe, die er vom Intendanten Bonardière erhalten hat für Arbeiten in Cirey, Mai 1738, ADHM 100 J 472.

15 ADHM 100 J 479.

16 ADHM 100 J 472.

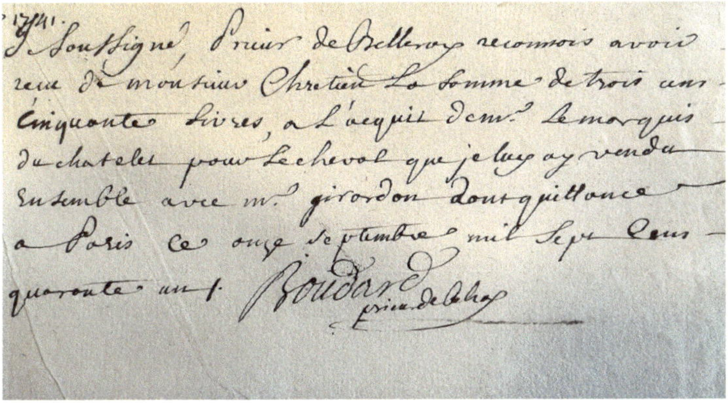
1741. Je soussigné, Prieur de Belleroy reconnois avoir
reçu de monsieur Chrétien la somme de trois cens
cinquante livres, a l'acquit de m.r le marquis
du chatelet pour le cheval que je luy ay vendu
ensemble avec m.r girordon dont quittance
a Paris ce onze septembre mil sept cens
quarante un. Boudard

Abb. 4: Rechnung über Pferdekauf

Die Versorgung mit eigenem Obst war für die Marquise ein wichtiger Faktor für die gesunde Ernährung. Wie sie im *Discours sur la bonheur* schrieb, hielt sie immer wieder Diät, um die üppigen Diners am Hof auszugleichen. Dies spiegeln auch die Einkaufslisten wider. Während bei höfischen Diners in der Regel mehrere Fleischgänge auf dem Menüplan standen, beschränkte sich Émilie, sobald sie in Cirey war, auf Huhn oder Taube in mäßigem Umfang.[17] Auf dem Speiseplan in Cirey standen zwar auch die üblichen Delikatessen wie Lachs, Käse, Trüffel, Foie gras, Artischocken oder Schinken, aber immer auch viel Gemüse und Salat, darunter Spargel, Bohnen, Champignons, Schalotten und Früchte wie Äpfel, Birnen, Aprikosen und Zitronen. Zum Würzen verwendeten die Köche Olivenöl, Senf, Kräuter, Pfeffer und Muskat. Für die Bediensteten wurde zuweilen Karpfen gekauft, und natürlich war immer ausreichend Wein für die zahlreichen Gäste vorrätig. An Süßigkeiten finden sich immer wieder Bisquit und Macarons auf den Rechnungen.[18]

17 Mémoir an die Marquise für Lebensmittel, August und September 1739, ADHM 100 J 472.

18 Vgl. Lebensmittelrechnungen, ADHM 100 J 478 und ADHM 100 J 481.

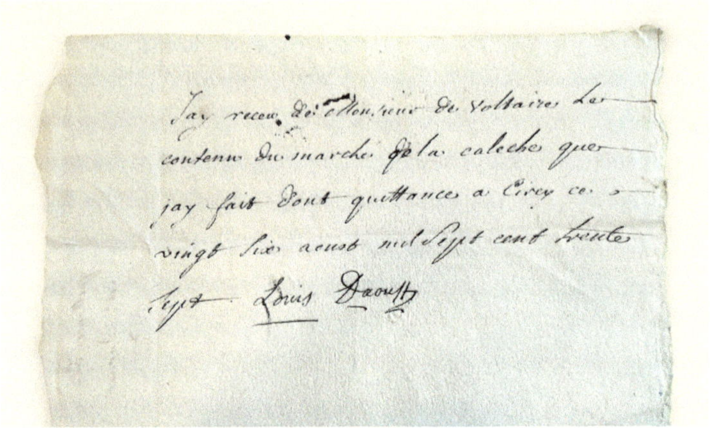

Jay receu de Monsieur de Voltaire le contenu du marché de la caleche que jay fait dont quittance a Cirey ce vingt six aoust mil sept cent trente sept Louis Daoust

Abb. 5: Rechnung für eine Kutschfahrt Voltaires

Zur Verwaltung des Anwesens und Organisation des täglichen Lebens zählte auch die Instandhaltung der Garderobe, auch die des Marquis. So wurden die Stoffe, Jacken, Knöpfe und Hosen für seine Garderobe vom Schneider de Douluons bezogen.[19] Für die Damengarderobe standen edle Waren wie Fil de Bretagne oder Seide aus Cramoisy auf dem Bestellzettel.[20] Ein anderer Schneider, Clement, nähte Kniehosen oder lieferte Seide und verschiedene Stoffe.[21] Die Marquise ließ regelmäßig Hemden, Westen, Nachtwäsche und Taschentücher zur Reinigung bringen.[22]

So sehr Émilie und Voltaire den Rückzug in Cirey schätzten, sie waren dennoch auch dort viel unterwegs. Zu Fahrten in die nahe-

19 Rechnung an den Marquis vom Schneider de Douluons über 28 Livres 18 sous, 9. Dezember 1736, ADHM 100 J 469.

20 Rechnung an den Marquis für Einkäufe an die Marquise geliefert: Fil de Bretagne, Seide aus Cramoisy, verschiedene Stoffe, Garne, 20 Dutzend großer weißer Knöpfe, 20 Dutzend kleiner Knöpfe, über 366 Livres; aus verschiedenen Monaten im Jahr 1738, ADHM 100 J 471.

21 Memoir an den Marquis vom Schneider Clement über 30 Livres, November 1739, ADHM 100 J 472.

22 Memoir an die Marquise, 1742, ADHM 100 J 479.

gelegenen Orte in der Südchampagne nahmen sie immer wieder Fahr-Dienstleistungen in Anspruch, aber auch die eigenen Kutschen wurden häufig beansprucht und mussten gelegentlich repariert werden. Fahrten in die unmittelbare Gegend führten nach Bar-sur-Aube, Chaumont, ins Kloster von Clairvaux, nach Joinville oder Troyes, wo Émilie Besorgungen erledigte. So kamen in einem Monat - wie im Oktober 1739 beispielsweise - allein zehn Fahrten in die umliegenden Städte zusammen.[23]

23 Rechnung an die Marquise vom 9. Juli 1735 über Fahr-Dienstleistungen über einen Betrag von 4690 Livres, ADHM 100 J 469. Eine Quittung vom 27. August 1737 für das Ingangbringen einer Kutsche in Cirey für Monsieur de Voltaire, ohne Betrag, ADHM 100 J 470. Vom 24. März 1739 vom „Taxiservice" Duval in Paris, (Taxis/Kutschen nach Troyes, Bourgogne und andere Orte), über Bonardière, ADHM 100 J 472. Rechnung von Pierre Guillaume für Fahrten vom Marquis und der Marquise nach Bar-sur-Aube, Chaumont, Clairvaux (Kloster) und Joinville, zehn Fahrten insgesamt im Oktober 1739, ADHM 100 J 472.

DER UNGLÜCKLICHE HAUSLEHRER

Auch die Erziehung der Kinder fiel in die Verantwortung der Marquise du Châtelet. Einer der wichtigsten, aber auch problematischsten Hauslehrer ihres Sohnes Louis Marie Florent war Nicolas-Michel Linant (1708[1]–1749). Der Kontakt kam über Voltaire zustande, das Verhältnis endete allerdings in einem Eklat, da Linant nicht die Erwartungen seiner Auftraggeber erfüllte und schließlich Cirey überstürzt verließ.

Voltaire kannte Linant bereits seit 1733. Zu dieser Zeit hatte sich Voltaire dem aufstrebenden Schriftsteller angenommen und ihm Hilfe angeboten, beispielsweise in seinem neuen Appartement zu wohnen.[2] Voltaire war nicht nur in finanzieller Hinsicht eine Unterstützung für den Abbé Linant, sondern er interessierte sich auch für dessen schriftstellerischen Arbeiten.[3] Linants Werke sollten später noch zu Erfolg kommen. 1739 berichtete er Voltaire von einem Gedicht, das er für den Preis der Académie française einreichen wollte. Den Preis gewann er schließlich auch.[4] Linant zeigte sich für

1 Die Bibliothèque nationale de France gibt 1709 als Geburtsjahr an.

2 Michel Linant an Cideville, 17. April 1733, Voltaire, Correspondence, Vol. III, Brief 580, S. 59f.

3 Voltaire an Cideville, 21. Mai 1733, Voltaire, Correspondence, Vol. III, Brief 592, S. 75.

4 Linant an Voltaire, Mai 1739, Voltaire, Correspondence, Vol. IX, Brief 1920, S. 139

alles dankbar, wie er an Cideville schrieb, und berichtete über die Fürsorge Voltaires, der sich mit der Aufmerksamkeit eines Freundes und der Zärtlichkeit eines Vaters um ihn kümmere.[5]

Voltaire dagegen äußerte bald einen gewissen Überdruss und schrieb ebenfalls an den Freund Cideville: „Ich bin mit Linant nicht sehr zufrieden. Er wird ernährt, behaust, chauffiert, gekleidet." Weiter beklagte er sich über den Vorwurf Linants, dass er, Voltaire, es versäumt habe, ihm eine gute Stelle als Lehrer zu verschaffen.[6] Linant besitze als Schriftsteller bzw. Dichter nur mäßiges Talent. Das, was er gelesen habe, reiche nicht aus für eine Tragödie und sei auch nicht für die Komödie geeignet: „A l'égard de Linant, j'ay vu une partie de sa pièce. Il n'y a rien qui ressemble à une tragédie. Cela n'est pa présentable aux comédiens." Die einzige Verwendung, die er für Linant sehe, sei die eines Hauslehrers. Auch das wäre nicht einfach, da er wenig Latein spreche; trotzdem dachte Voltaire zu dieser Zeit darüber nach, ob er Linant nicht für Louis Marie Florent du Châtelet als Hauslehrer empfehlen sollte.[7] Im April 1735 hatte er schließlich Linant an die du Châtelets empfohlen und berichtete Cideville, dass er nur noch auf die Zustimmung beider warte. Ende Juni 1735 war dann die Entscheidung für Linant gefallen, er war bereits in Cirey eingezogen.[8]

Der Sommer verging und im September drückte Voltaire dem Eingeweihten Cideville bereits seine zunehmende Enttäuschung über den Hauslehrer aus: Linant verbringe sein Leben schlafend, er pflege kein anderes Talent als das der Faulheit, sein Körper und

---

5 Linant an Cideville, 5. Juni 1733 Voltaire, Correspondence, Vol. III, Brief 598, S. 83.

6 Voltaire an Cideville, Paris, 6. November 1733, Voltaire, Correspondence, Vol. III, Brief 652, S. 173.

7 Voltaire an Cideville, 12. April 1735, Voltaire, Correspondence, Vol. IV, Brief 833, S. 44.

8 Voltaire an Cideville, 29. April 1735, Voltaire, Correspondence, Vol. IV, Brief 841, S. 52 und Voltaire an Cideville, Vassy en Champagne, 26. Juni 1735, Voltaire, Correspondence, Vol. IV, Brief 858, S. 86.

Geist dienten nur der Trägheit. Auch die Bemühungen der Marquise, aus Linant einen brauchbaren Hauslehrer zu machen, waren wenig erfolgreich, wie Voltaire an Formont aus Cirey im September berichtete. Mittlerweile hatte auch Cideville den Glauben an das schriftstellerische Talent Linants verloren.[9] Mehr und mehr verschlechterte sich das Verhältnis zwischen Mentor und Hauslehrer. Die Marquise fand es daher erforderlich, sich einzuschalten und mit Linant zu sprechen. Sie musste sich mit einer Entschuldigung Linants zufriedengeben.[10]

Michel Linant war ebenfalls alles andere als glücklich mit der Anstellung in Cirey. Er langweilte sich und versuchte vergeblich, dem jungen du Châtelet etwas Sinnvolles beizubringen. Er musste dem Jungen etwas lehren, was dieser nicht verstand oder nicht verstehen wollte. Er beklagte sich über die Langeweile auf dem Land und den großen Unterschied zwischen dem tristen Dasein eines Lehrers und dem faszinierenden Leben im Theater.[11] Das ohnehin schwierige Verhältnis zwischen Hausherrin und Hauslehrer wurde zusätzlich auf den Prüfstein gestellt, als Linant im Herbst 1736 seine Schwester nach Cirey holte, obwohl sich die Marquise dagegen ausgesprochen hatte. Als die Schwester dann auch noch Ansprüche stellte und gegen Émilie intrigierte, war es zu viel. Émilie warf beide hinaus.[12] Zu dieser Zeit war gerade Baron Keyserlingk, Übersetzer von Christian Wolff, im Auftrag des preußischen Kronprinzen Friedrich in Cirey. Keyserlingk nahm Linant schließlich mit nach Rheinsberg.[13]

---

9 Voltaire an Cideville, Cirey, 20. September 1735, Voltaire, Correspondence, Vol. IV, Brief 885, S. 133.

10 Michel Linant an Cideville, 25. März 1736, Voltaire, Correspondence, Vol. V, Brief 1009, S. 108.

11 Linant an Cideville im Mai 1736, Voltaire, Correspondence, Vol. V, Brief 1037, S. 155.

12 Orieux: Voltaire, S. 242 und Voltaire an Cideville, Cirey, 25. September 1736, Voltaire, Correspondence, Vol. V, Brief 1109, S. 256.

13 Mauro: Émilie du Châtelet, S. 101 und Orieux: Voltaire, S. 242.

Voltaire hatte es sicher gut gemeint, aber die Empfehlung Linants als Hauslehrer in Cirey war keine glückliche Entscheidung gewesen. Dessen geringes Engagement für die Erziehung Louis Marie Florents und wohl auch die mangelnde Höflichkeit seinem Hausherrn und seiner Hausherrin gegenüber strapazierte das Anstellungsverhältnis überaus, was mit dem Besuch der Schwester Linants noch übertroffen wurde.

EINE ERSTE ÜBERSETZUNGS-ARBEIT – MANDEVILLES *BIENENFABEL*

Eine der ersten eigenständigen publizistischen Arbeiten der Marquise war eine Übersetzung. Die wichtigste Übersetzungsarbeit aus ihrer Feder war Newtons *Principia*, an der sie in den 1740er Jahren saß und die sie kurz vor ihrem Tod 1749 abschloss. Das erste Übersetzungsprojekt unternahm sie mit Mandevilles 1723 veröffentlichter *Bienenfabel oder Private Laster, öffentliche Vorteile*, *The fable of the bees*. Der niederländische Arzt und Sozialtheoretiker Bernard Mandeville[1] war nach London emigriert und berühmt für seine bissige Gesellschaftskritik. In der *Bienenfabel* wird ein Bienenstock als sinnbildliche Metapher für die Gesellschaft Englands des 18. Jahrhunderts verwendet. In diesem Werk beschrieb Mandeville als einer der ersten die Wirtschaft als Kreislaufsystem mit der provozierenden These, dass nicht die Tugend die eigentliche Quelle des Gemeinwohls sei, sondern das Laster. Mandevilles *Bienenfabel*, als Satire geschrieben, steht in der Tradition des französischen Skeptizismus. Beeinflusst war Mandeville von Schriftstellern wie Montaigne, La Rochefoucauld und Pierre Bayle, ebenso von den Aufklärungsphilosophen Francis Bacon, Thomas Hobbes und John Locke. Mit

1 Bernard Mandeville, geboren am 15. November 1670 in Rotterdam, gestorben am 21. Januar 1733 in Hackney bei London.

Scharfsinn und Witz zeigte er, welche eigentlichen Motive hinter der altruistischen Tugend liegen: egoistische Triebe und Affekte.

Das Werk war bereits in mehrfacher Auflage erschienen, als sich die Marquise 1736 dazu entschied, Teile von ihm ins Französische zu übertragen. *The fable of the bees* besteht aus drei Teilen: einer langen Allegorie in Versen, einem Essay sowie einem Kommentar. Die Übersetzerin nahm sich die Freiheit, nicht streng am Originaltext zu bleiben, sondern den Text an das französische Lesepublikum anzupassen. So verzichtete sie auf die Übersetzung der Vers-Allegorie, fasste das zweite Kapitel stark zusammen und machte es zu ihrem ersten Kapitel. Vom Kommentar übersetzte sie lediglich eine Auswahl. Sie griff sogar so stark in den Originaltext ein, dass sie letztlich mehr eine eigene ethische Abhandlung verfasste als eine reine Übersetzung Mandevilles. Man kann sogar von einer Interpretation von Mandevilles Denken sprechen.[2]

Ihre Einleitung nutzte Émilie auch, um ihre eigene Übersetzungsphilosophie sowie ihre Gedanken zur Erziehung von Frauen der adligen und bürgerlichen Elite darzustellen und die Hindernisse zu erläutern, mit denen diese im 18. Jahrhundert zu kämpfen hatten. So beklagte sie, dass angesichts der kurzen Lebenszeit und der Kostbarkeit der Zeit überhaupt viel Zeit für nutzlose Dinge vergeudet werde. Selbstkritisch schrieb sie, dass sie sich viel zu viel mit ihren Zähnen und ihren Haaren beschäftige und darüber die Pflege des Geistes vernachlässige. So wie die indischen Fakire ihre Muskelmasse verlieren, weil sie ständig in einer Position verharren und sich nicht bewegen, verliere der Mensch seine Ideen, wenn er die Pflege des Geistes vernachlässige. Wie beim Feuer, das erlischt, müsse auch der Geist ständig genährt werden.[3]

---

2 Émilie du Châtelet: Selected Philosophical and Scientific Writings, hrsg. von Judith P. Zinsser. Chicago, London 2009, S. 35f.

3 Émilie du Châtelet: Bernard Mandeville's The fable oft he bees, in: Zinsser (Hrsg.): Selected Philosophical and Scientific Writings, S. 44f.

Sie unterteilt die Übersetzer in zwei Kategorien: In diejenigen, die Wort für Wort übersetzen, um dem Original gerecht zu werden; und in diejenigen, die komplizierte Werke übersetzen, die diese nur unzulänglich verstehen und nur im Ansatz wiedergeben.[4]

Im Vorwort plädiert sie zudem für eine Gleichberechtigung der Frauen, vor allem in der Geistesbildung. Émilie setzte sich hier für ein neues Erziehungssystem ein, das Frauen zu höherwertigen Wesen machen sollte. Soziale Interaktionen würden dazu dienen, das Wissen der Frauen zu erweitern. Die Frauen selbst seien aber auch nicht ganz unschuldig an ihrer Situation, räumte sie kritisch ein, da sie entweder ihre vorhandenen Talente ignorierten oder sie aus Vorurteilen ablehnten. Sie selbst genieße die Tatsache, mit Männern befreundet zu sein, und sehe mit großer Überraschung, dass diese ihre Freundschaft wertschätzten.

Ihre Wahl für eine erste Übersetzungsarbeit fiel auf die *Fable of the bees*, weil es unter all den Werken, die sie hätte übersetzen können, dasjenige war, das am meisten für Humanität stand. Es war, wie sie glaubte, das beste ethische Buch, das je geschrieben worden war. Mandeville konnte ihrer Ansicht nach als der Montaigne Englands gelten, wobei er mehr Methode und Ideen beweise als Montaigne selbst.[5]

Der Kommentar zur *Fable of the bees* ist zudem ein Zeugnis für die Auseinandersetzung der Marquise mit der Gedankenwelt des englischen Aufklärungsphilosophen John Locke, der auch für Voltaire von großer Bedeutung war.[6]

---

4 Ebd., S. 48.

5 Ebd., S. 49.

6 Dem philosophischen Empirismus von Locke sowie dem Materialismus von La Mettrie stand sie jedoch kritisch gegenüber. Ruth Hagengruber (Hrsg.): Émilie du Châtelet Between Leibniz and Newton. Wiesbaden 2011, S. 8.

DIE NATUR DES FEUERS

1737 und 1738 verbrachten Émilie und Voltaire die meiste Zeit in Cirey. Sie schrieb um den 10. Februar 1738 an Maupertuis, wie sehr sie es sich wünsche, ihn dort zu empfangen. Er habe gefragt, ob sie noch hier lebe? Wie könne er nur daran zweifeln, sie liebe diesen Ort mehr denn je, es werde jeden Tag schöner, und weggehen würde sie nur in das „Land der Philosophie und der Rationalität“.[1] Die glückliche Einsamkeit mit Voltaire in Cirey konnte nur ein Besuch der guten Freunde bereichern. Sie erwartete Maupertuis im Juni in Cirey. Er würde dort den begehrten Frieden finden, wie sie schrieb, wo sie nun seit drei Jahren lebte. Er werde die Einsamkeit genießen, und wenn er möchte, die Gesellschaft zweier Menschen, die ihn bewundern und lieben.[2]

In diesem Jahr änderte sich etwas Entscheidendes in der Liebes- und Arbeitsgemeinschaft Émilies und Voltaires. Hatte sie bei der Entstehung der *Eléments de la philosophie de Newton* noch an seiner Seite gestanden und ihn dabei beratend unterstützt, so zeigte sich im weiteren Verlauf des Jahres, dass sie eigenständig wissenschaftlich zu arbeiten durchaus fähig und willens war. Zunächst aber bewarben sie sich noch gemeinsam bei der Ausschreibung der Académie royale des sciences für eine Abhandlung über die Natur des Feuers. Vom Frühsommer 1737 an standen beide im Park von Cirey und führ-

---

1 Besterman, Bd. 1, S. 216.

2 Ebd., S. 235.

ten physikalische Experimente mit Feuer durch.[3] Die Ausgangsfrage war, ob Feuer Gewicht habe. Tag für Tag diskutierten sie die Fragen und Probleme. Émilie zeigte zwar Leidenschaft für das Thema, verbarg es aber auch nicht, wenn sie mit Voltaire nicht einer Meinung war. Im Zuge der gemeinsamen Experimente und Diskussionen wurde ihr zunehmend klar, wie ihre Auffassungen von denen Voltaires abwichen. So kam sie zum Entschluss, ihre eigene Abhandlung zu schreiben. Voltaire gegenüber verschwieg sie dies allerdings und zog nur den Marquis und später Maupertuis ins Vertrauen.

Zudem wusste sie, dass sie nur eine Chance bei der Académie hatte, wenn sie ihre Arbeit anonym einreichte. An Maupertuis schrieb sie, dass sie keine Experimente durchführen könnte, weil sie dann Voltaire brüskieren würde. Er sollte nicht von ihrem eigenen Engagement erfahren. Sie konnte nur in der Nacht weiterarbeiten, und mehr und mehr kam sie zu anderen Ergebnissen als Voltaire.[4] Ihre Abhandlung umfasste 140 Seiten.

Der geteilte Hauptpreis ging schließlich u.a. an Leonhard Euler.[5] Die Auszeichnung erfuhr dieser nicht nur, weil er in seinen Erkenntnissen und Entdeckungen viel weiter ging als Voltaire und Émilie, sondern auch, weil er bereits als einer der berühmtesten Wissenschaftler Europas galt.[6] Als einen der Ersten unterrichtete Émilie Maupertuis über den Ausgang der Akademie-Entscheidung: „Wir sind sehr enttäuscht über das Urteil der Akademie, es ist hart, dass der Preis geteilt worden ist und Monsieur de Voltaire kein Stück vom Kuchen abbekommen hat. Der Nominierte ist Herr Euler, ein Leibnizianer und folglich auch Cartesianer", schrieb sie ihm am 22. Mai 1738. „Wenn Monsieur [Voltaire] Ihnen in seinem Brief

3 Zinsser: Daring Genius, S. 152.

4 Am 21. Juni 1738. La Correspondance d'Émilie Du Châtelet, Kölving/Brown, S. 358f., Brief 147, siehe auch Badinter: Émilie, S. 296.

5 Schweizer Mathematiker und Physiker, geboren am 15. April 1707, Basel, Schweiz, gestorben am 18. September 1783.

6 Badinter: Émilie, S. 300.

nichts davon geschrieben hat, bitte ich Sie, ihm nichts davon zu erzählen, dass ich mit Ihnen darüber gesprochen habe."[7]

Worum ging es in ihrer Preisschrift? Zunächst fragte die Marquise nach den Eigenschaften von Feuer: inwieweit Feuer heiß oder leuchtend sei. Sie untersuchte dazu Lichtarten, die keine Wärme abstrahlen wie das Mondlicht oder das Leuchten von Glühwürmchen. Im Gegensatz dazu beschrieb sie das Phänomen von Hitze ohne Lichteffekt, etwa Eisen im Schmelzpunkt. Aber auch Feuer erscheine in Form von Hitze ohne Licht. Des Weiteren definierte sie Unterschiede zwischen Wärme und Licht. So könne ein Körper sein Licht sehr schnell innerhalb einer Sekunde verlieren, wobei er die Wärme länger halte, auch wenn der Akt die Erwärmung an sich ende. Sie setzte sich mit der vorherrschenden Descartes'schen Auffassung auseinander, dass Licht das zweite und Feuer das erste Element sei. Dafür gebe es keine Begründung, so die Marquise. Von einer näheren Erläuterung sah sie aber in dieser Veröffentlichung ab. Ein weiterer Aspekt ihrer Untersuchung war der des generellen Effekts von Feuer. Dieser lag für sie darin, dass Feuer das Volumen von Körpern vergrößere. Bevor Feuer einen Körper zerstöre, dehne es den Körper aus, wenn dieser Vorgang aber andauere, so zerlege das Feuer den Körper in seine Bestandteile.[8]

Die bestehende Literatur hatte du Châtelet im Blick. Die wichtigsten Bezugsquellen für ihre Arbeit waren das Werk *Elementa chemiae* des niederländischen Mediziners und Chemikers Herman Boerhaave und Musschenbroeks *Elementa physicae*.[9] Sie stellte aber fest, dass namhafte Gelehrte ihrer Zeit wie Boyle, Musschenbroek oder s' Gravesande bisher nur unzureichend beschrieben hatten, was

7 Besterman, Bd. 1, S. 233, Correspondance d'Émilie Du Châtelet, Kölving/Brown, Lettre 145, S. 355.

8 Émilie du Châtelet: Dissertation on the Nature and Propagation of Fire, in: Zinsser (Hrsg.): Selected Philosophical and Scientific Writings, S. 65.

9 Ebd., S. 53.

Feuer an sich ist. Feuer war für die Autorin eine der Triebfedern des Schöpfers, seine Kraft sei jedoch so subtil, dass sein Wesen nur unzureichend erfasst werden könne.[10] Auch widerlegte sie Thesen von Homberg, Boyle und Lémery, die besagen, dass sich das Körpergewicht durch Feuer vergrößere.[11] In der Argumentation vor allem hinsichtlich der materiellen Eigenschaften des Feuers wie Ausdehnung und Teilbarkeit zeigt sich eine gewisse Nähe zu der Arbeit von Herman Boerhaave, der sich ebenfalls mit dem Wesen des Feuers beschäftigt hatte.[12]

Im weiteren Verlauf ihrer Untersuchungen kam sie zum Schluss, dass Feuer nicht durch Bewegung entstehe und nicht wie andere Körper durch die Schwerkraft zur Mitte der Erde dränge.[13] Sie erkannte, dass Feuer alles in der Natur belebe und erhalte. Ohne die ständige Aktion und Reaktion von Feuer auf Körper und Körper auf Feuer würden das Fließende und Eigenschaften wie Elastizität und Geschmeidigkeit verlorengehen. Sie kam zur Erkenntnis, dass Feuer kein Gewicht habe, und wenn es Gewicht hätte, würde dies seine Natur zerstören. Im Rahmen ihrer Dissertation stellte sie folgende weitere Thesen auf: Feuer breite sich über alle Körper und in den Körpern an sich gleichmäßig aus. Licht und Wärme seien zwei unterschiedliche Effekte und unabhängig voneinander. Sie seien zwei Arten des Seins und zwei Erscheinungsformen des Phänomens Feuer. Feuer habe aber auch gewisse Eigenschaften von Materie, wie Ausdehnung und Teilbarkeit. Aber die Undurchdringbarkeit von Feuer, so stellte sie schließlich fest, sei noch nicht bewiesen.[14]

---

10 Ebd., S. 70.

11 Ebd., S. 78.

12 Hélene Metzger: La théorie du feu d'après Boerhaave, in: Revue Philosophique de la France et de l'Étranger, T. 109 (Janvier à Juin 1930), S. 253–285, siehe insbesondere S. 263ff.

13 Émilie du Châtelet: Dissertation on the Nature and Propagation of Fire, in: Zinsser (Hrsg.): Selected Philosophical and Scientific Writings, S. 69 und 74.

14 Ebd., S. 83.

Ein Schwerpunkt ihrer Experimente war das Verhältnis von Feuer zu Materie. So kam sie zu dem Ergebnis, dass lebende Kreaturen mehr Feuer in ihrer Substanz hätten als andere. Die Masse der Körper, ihre Elastizität und die Schnelligkeit ihrer Bewegung hatten ihrer Erkenntnis nach Einfluss auf die Aktivität des Feuers innerhalb der Körper. Körper fingen Feuer und brannten mehr oder weniger schnell, abhängig von ihrer Farbe. Die am stärksten reflektierenden Körper hielten dem Feuer am längsten Stand. Weitere Erkenntnisse waren: Wenn Feuer aus Feuer strahle, verstärkten sich die Effekte des Feuers ins Unendliche. Die Zeitspanne, in der unterschiedliche Körper abkühlen, entspreche der Zeitspanne, in der sie sich erwärmen. Die Abwesenheit von Feuer sei nicht die einzige Ursache von Vereisung. Schließlich beschäftigte sie sich noch mit der Einwirkung der Sonne auf das Feuer. Die Sonne sei ein fester Stoff. Das Feuer hier auf der Erde komme nicht von der Sonne, aber jeder Körper enthalte eine gewisse Quantität davon. In der Erde gebe es ein zentrales Feuer, das die Ursache der Vegetation sei.[15]

Waren ihre Aufzeichnungen und Schriften bisher nur für sie selbst oder Voltaire bestimmt gewesen, so hatte sie sich mit der Teilnahme an dem Preisausschreiben der Akademie dafür entschieden, sich einerseits der öffentlichen Kritik auszusetzen, andererseits die Wertschätzung seitens der Wissenschaft zu erproben. Die beiden von Voltaire und der Marquise eingereichten Arbeiten erschienen anonym in zwei aufeinanderfolgenden Ausgaben als Nr. 6 und Nr. 7 der *Mémoires de l'Académie*. Voltaire hatte erst im letzten Moment, quasi im Moment des gemeinsamen Scheiterns, von der parallelen Einreichung Émilies erfahren.[16] Einerseits öffnete diese erste Publikation für Émilie die Tore der wissenschaftlichen Welt, andererseits war dieser erste Ruhm fragil. Denn für die Wissenschaftsgesellschaft war eine weibliche Autorin noch ungewohnt – oder wie Orieux es bezeichnet: Man machte sich entweder über

15 Ebd., S. 102f.
16 Badinter: Émilie, S. 300.

Émilie lustig oder aber machte ihr Komplimente, die eher spöttisch gemeint waren.[17]

Am 7. Juli 1738 schrieb Émilie an Maupertuis aus Cirey, dass es Voltaire gewesen sei, der Réaumur und du Fay verraten hätte, wer die Autorin des Artikels in „Ausgabe 6“ sei. Réaumur[18] hatte Voltaire gegenüber mit großer Höflichkeit geantwortet: Die Öffentlichkeit müsse natürlich erfahren, dass unter den Bewerbern für den Preis eine junge Dame und einer unserer großen Dichter seien.[19] Voltaire war keineswegs enttäuscht darüber, dass Émilie eine eigenständige Arbeit eingereicht hatte. Ganz im Gegenteil: Ihm war sehr daran gelegen, dass es keinen Zweifel gab, dass Émilie ihre Dissertation völlig selbstständig und ohne seine Hilfe geschrieben hatte.[20] Er setzte sich zudem dafür ein, dass Émilies Arbeit gedruckt wurde. Ironisch schrieb er an Cousin, dass es wieder einmal die Diener der ‚Tourbillons“[21] gewesen seien, die man gekrönt habe.[22] Mit ihrer These, dass das Feuer und das Licht nicht die Eigenschaften von Gravität und Undurchdringbarkeit besäßen, habe sie gegen die Cartesianer revoltiert, so Voltaire an Rolland Puchot des Alleurs. Und damit habe sie den Preis verwirkt, wo sie ihn doch so sehr ver-

17 Orieux: Voltaire, S. 244.

18 René-Antoine Ferchault de Réaumur (geboren am 28. Februar 1683 in La Rochelle, gestorben am 17. Oktober 1757) war im Alter von 24 Jahren bereits Mitglied der Académie royale des sciences geworden. Charles François de Cisternay du Fay (geboren am 14. September 1698 in Paris, gestorben am 16. Juli 1739) war französischer Naturforscher, bekannt hauptsächlich durch seine Abhandlungen zur Elektrizität.

19 Besterman, Bd. 1, S. 242, Nr. 132, Correspondance d’Émilie Du Châtelet, Kölving/Brown, Lettre 151, Bd. 1, S. 365.

20 Voltaire an Henri Pitot, 17. Juni 1738, Voltaire, Correspondence, Vol. VII, Brief 1459, S. 213.

21 Anhänger der Wirbeltheorie Descartes’.

22 Voltaire an Cousin, 3. Juli 1738, Voltaire, Correspondence, Vol. VII, Brief 1472, S. 247.

dient hätte.[23] Voltaire hatte natürlich auch dem Freund d'Argens die Arbeit von Émilie geschickt und beteuerte, dass „sein kleiner Planet (...) hinter ihrer großen Sonne verschwinden" müsse. Maupertuis, der in der Jury saß, hatte sich für Voltaires Arbeit ausgesprochen, im Gegensatz zu den anderen Akademiemitgliedern. Émilie hätte den Preis verdient, wie Voltaire auch gegenüber d'Argens bekräftigte: eine Person ihres Geschlechts, ihres Alters und ihres Ranges, die den Mut, die Kraft und die Zeit habe, solche richtigen und schwierigen Schriften zu veröffentlichen.[24]

Die *Dissertation sur la propagation du feu* erschien 1739 in einer Auflage von 300 Exemplaren. Die Drucklegung durch die Akademie war die erste Anerkennung der Marquise als Wissenschaftlerin – dass eine Frau so geehrt wurde, war für diese Zeit ein absoluter Ausnahmefall. Die Autorin wurde für sich selbst werbend aktiv, indem sie zahlreiche Exemplare an bedeutende Gelehrte schickte, so etwa an Johann II. Bernoulli, der sie an seinen Vater und Bruder Daniel weiterreichen sollte, weitere Empfänger waren u.a. Cideville und s' Gravesande, der auch über Maupertuis eine Kopie erhalten hatte.[25] Auf diese Weise rezipierten bedeutende Gelehrte die erste Veröffentlichung der Marquise du Châtelet.

23 Voltaire an Rolland Puchot des Alleurs, 13. März 1739, Voltaire, Correspondence, Vol. IX, Brief 1846, S. 33.

24 Voltaire an den Marquis d'Argens, Brüssel, 21. Juni 1739, Voltaire, Correspondence, Vol. IX, Brief 1935, S. 167f.

25 Böttcher: Lernen, S. 110.

ALLTAG IN CIREY – BERICHTE EINES DAUERGASTES

Im Winter 1738/39 beherbergten Voltaire und Émilie eine Freundin in Cirey, Madame de Gaffigny. Diese berichtete nahezu täglich an ihren Freund Devaux über den Alltag im Schloss und gewährt somit einen Einblick in das Leben der beiden Hausherren. Françoise Paule d'Issembourg Du Buisson d'Happoncourt Huguet de Graffigny war Schriftstellerin und Salonnière. Sie schrieb u.a. Theaterstücke und den Briefroman *Les lettres d'une Peruvienne*.[1] Sie stammte aus Lothringen, wurde 1695 in Nancy geboren und unterhielt einige Jahre einen literarischen Salon am Hof von Stanislas in Lunéville.[2] Dort spielte sie eine wichtige Rolle, denn sie und ihre Freunde bereicherten den gesellschaftlichen Kreis um Stanislas und befriedigten dessen intellektuelle Interessen, insbesondere wenn es um Philosophie, Poesie, Literatur, Kunst und Theater ging. Der Vater von Madame de Graffigny war Écuyer, Leutnant der Kavallerie im Regiment von Marschall de Boufflers; ihre Mutter, Marguerite Callot, war die Nichte des berühmten Graveurs Jacques Callot. Am 19. Januar 1712 hatte Madame de Graffigny geheiratet und lebte danach gemeinsam mit ihrem Mann, Kämmerer des Herzogs

1 Charlotte Simonin, Émilie du Châtelet et Françoise de Graffigny, in: Ulla Kölving/Olivier Courcelle (Hrsg.): Émilie du Châtelet, S. 61-83, hier: S. 64.

2 Sie starb 1758 in Paris.

Leopolds von Lothringen, in Nancy[3]. Sie litt jedoch sehr unter der Brutalität ihres Mannes, weswegen sie für längere Zeit nach Cirey zog. Außer einer kleinen Pension hatte sie kein Geld, und Émilie und Voltaire offerierten ihr ein lebenslanges Wohnrecht in Cirey.[4]

Am 4. Dezember 1738 kam sie in Cirey an und blieb bis Februar 1739. Die fast täglich geschriebenen Briefe an ihren Freund Devaux, Vorleser von Stanislas Leszczyński, sind eine anschauliche, wenn auch subjektive Quelle über das Alltagsleben im Rückzugsort Cirey, und beschreiben so manche Gepflogenheiten, die die Gastgeber Émilie und Voltaire ihren Gästen zumuteten. Graffignys Schilderungen sind ambivalent, manchmal wohlwollend, aber zuweilen auch boshaft. So schrieb sie an Devaux am 4. Dezember aus Cirey, dass ihr die Briefe des Freundes mehr Freude bereiteten als das Leben in Cirey. Wenig war sie etwa begeistert, dass sie nicht in Empfang genommen wurde, als sie im Schloss ankam.[5] Die Hausherren beschäftigten sich lieber mit Dichtung, Wissenschaft oder den Künsten, als sich um ihre Gäste zu kümmern. Die Gesellschaft führe charmante und bezaubernde Diskurse, die Soupers seien ausgesucht und delikat, aber nicht gerade üppig, wie der Gast monierte. Voltaire zeige sich freundlich, liebenswert und gelehrt. Der Marquis dagegen spreche wenig und verlasse die Abendgesellschaft, sobald die Tafel beendet sei. Zum Nachtisch werde die Konversation dann fortgesetzt und man spreche – natürlich – über Bücher.[6] Man sei als Gast viel allein – so sei das Leben auf Cirey, das aber auch nicht ohne Charme sei.[7]

Die Gäste wurden unweigerlich in die Aktivitäten der Gastgeber einbezogen, ob sie wollten oder nicht. Wenig erfreute es die Graf-

3 Gilbert Mercier: Femmes des Lumières à la court de Stanislas, Nancy 2004, S. 97ff.

4 Orieux, Voltaire, S. 256.

5 Françoise de Graffigny: Vie privée de Voltaire et de Mme du Châtelet pendant un séjour de six mois à Cirey, Paris 1820, S. 6f.

6 Ebd., S. 7f.

7 Ebd., S. 83.

figny, dass man kaum dinierte und sie sich genötigt sah, Newton zu lesen.[8] Immer wieder gab es Konversationen, in denen über Geometrie, Physik und aus aktuellem Anlass auch über die Newton-Dialoge von Algarotti diskutiert wurde.[9] Madame de Graffigny las Newton vor allem den Gastgebern, besonders Voltaire zuliebe, weil sie darüber informiert sein wollte, worüber er sprach. Voltaire hingegen erwartete dies nicht unbedingt, ganz im Gegenteil: Er forderte sie dazu auf, lieber Verse zu lesen.[10] Zu den Werken, die man zu dieser Zeit auf Cirey auch las, zählte die *Voyage en Laponie* von Maupertuis. Dieser war während des Aufenthalts von Madame de Graffigny ebenfalls zu Gast in Cirey und man sah sich bei den Soupers.[11] Der Tagesablauf war in der Regel streng reguliert: Um elf Uhr hatten die Gäste Gelegenheit, sich mit Voltaire und Émilie in der Galerie zum Kaffee zu treffen.[12] Mittags läutete es zum Essen, danach ging wieder jeder in sein Zimmer und um vier Uhr nachmittags versammelte man sich abermals. Um neun Uhr abends begann dann in der Regel das Souper.[13] Voltaire nutzte die Gesellschaften gerne, um nach dem Souper aus seinen Werken zu lesen, wie aus dem *Mondain*[14] oder aus *Merope.* Ein weiterer Gast dieser Zeit, der Madame de Graffigny sehr zusagte, war der Abbé de Breteuil, der Bruder von Émilie: „[…] er ist liebenswert und würdig, man spricht viel über Paris."[15]

Den Berichten der Graffigny verdanken wir zudem Einblicke in manch kapriziöse Situationen. Voltaire litt ständig unter gesundheitlichen Problemen und zog sich dann lieber zurück, worauf die Gäste schleunigst sein Zimmer verlassen mussten, damit er sich erholen

8 Ebd., S. 11.
9 Ebd., S. 39.
10 Ebd., S. 143.
11 Ebd., S. 198.
12 Ebd., S. 18.
13 Ebd., S. 82.
14 Ebd., S. 104.
15 Ebd., S. 57f.

konnte. Auch die Schlossherrin zog die Einsamkeit vor: „[…] sie mag eigentlich keine Besuche“, stellte die Graffigny fest.[16] Nicht immer war daher für Unterhaltung und Abwechslung der Gäste gesorgt. So schrieb die Graffigny an Devaux: „Der Grund, dass sie ihrem Briefpartner heute nichts erzählen kann, liegt daran, dass sich gestern Abend und heute morgen nichts ereignet hat, was erzählenswert sei: sie haben den gestrigen Abend damit verbracht, Zylinder und andere Maschinen zu betrachten.“[17] Es gab ausgelassene Momente genauso wie angespannte Situationen: so z.B. ein fröhlich verlaufendes Frühstück, währenddessen Voltaire vorlas, oder aber eine Verstimmung, als er eines Abends schmollte, weil Émilie ihm ein Glas Rheinwein verboten hatte. Er weigerte sich daraufhin aus der *Jeanne* zu lesen, wie er es eigentlich vorhatte, worauf auch die „Dame“ schmollte.[18]

Madame de Graffigny war eine große Anhängerin von Voltaire. Sie schwärmte von seiner großen Gefälligkeit und Höflichkeit, wenn er beispielsweise sagte: „Sie machen mir Freude, Sie haben Recht.“[19] Voltaire schien sich auch sehr um den Gast bemüht zu haben. Er war nach ihren Aussagen immer charmant zu ihr, sehr bemüht darum, dass sie gut unterhalten wurde, und er brachte ihr stets große Aufmerksamkeit entgegen.[20] Voltaire war vor allem von Madame de Graffignys Schicksal gerührt, wie er an den Duc und die Duchesse de Richelieu schrieb: „Im irdischen Paradies von Cirey gibt es ein großes Beispiel der Unglücke dieser Welt und der Großmütigkeit ihrer Seele, dies ist Madame de Graffigny. Ihr Fortgang treibt mir die Tränen in die Augen, weil sie nicht von Ihnen geliebt wurde.“[21]

16 Ebd., S. 65 und 86.
17 Ebd., S. 65.
18 Ebd., S. 72 und 83.
19 Ebd., S. 73.
20 Ebd., S. 39.
21 Aus Cirey am 12. Januar 1739, Voltaire, Correspondence, Vol. VIII, Brief 1684, S. 191.

Trotz des unermüdlichen Arbeitens war auch Émilie um den Gast bemüht. Sie saßen ab und zu zusammen und plauderten mitunter ein bis zwei Stunden.[22] Madame de Graffigny bewunderte ihre Gastgeberin zutiefst: Sie habe Geist, man könne mit ihr über alles sprechen, es gebe wahrhaftig nur wenige Frauen wie sie.[23] Die Graffigny und Émilie unternahmen immer wieder auch gemeinsame Spaziergänge. Émilie ritt zudem gerne aus, allein oder mit Gästen wie den Desmarets.[24] Henry Desmarets, ebenfalls ein Freund der Graffigny, war gelegentlich zu Gast in Cirey. Der 1661 in Paris geborene und 1741 in Lunéville verstorbene Komponist und Kirchenmusiker war 1698 Leiter eines Jesuitenkollegs, das er aber verlassen musste, weil man ihm einen Entführungsfall mit einer adligen Schülerin anlastete, in die er sich verliebt hatte. Er war in Abwesenheit zum Tode verurteilt. Nach einer Stelle als Chefkammermusiker beim spanischen König von 1701 bis 1707 holte ihn der Herzog Leopold von Lothringen nach Lunéville, wo er auch unter Stanislas als Hofmusikdirektor wirkte.

Fast täglich wurde im Schlosstheater geprobt. Wie Madame de Graffigny schreibt, übte man in einer Woche sogar auch an mehreren Stücken; so stand beispielsweise am Mittwoch *L'Enfant prodigue* und am Donnerstag *Boursouffle* auf dem Plan.[25] Ins Spiel eingespannt wurden quasi alle Anwesenden. Auch Madame de Graffigny übernahm Rollen bei den Theateraufführungen, ebenso wie die Tochter du Châtelet.[26] Gabrielle Pauline übernahm die Rolle der Marthe beispielsweise; ihren Part hatte sie bereits während der Anreise in der Postkutsche gelernt. Sie sei nicht schön, „spricht aber wie ihre Mutter, möglichst mit großem Geist", sie beherrsche Latein und liebe

22 Graffigny: Vie privée, S. 20f.
23 Ebd., S. 143.
24 Ebd., S. 238 und 249.
25 Ebd., S. 78.
26 Ebd., S. 58.

es, Bücher zu lesen, wie die Graffigny beurteilte.[27] Neben dem Einspielen von Theaterstücken wurde auch Musik dargeboten. Émilie habe dabei mit einer göttlichen Stimme gesungen.[28] Die Theaterarbeit in Cirey war äußerst intensiv, denn die Gastgeber ließen den Laienschauspielern und Sängern wenig Zeit, ihre Rollen und Stücke einzustudieren, und auf dem Plan stand ein immenses Pensum. Die Truppe studierte allein in 24 Stunden 33 Akte aus Tragödien, Opern und Komödien ein.[29]

27 Ebd., S. 84.
28 Ebd., S. 95.
29 Ebd., S. 246 und 250.

EINE SCHMÄHSCHRIFT MIT FOLGEN

Das Leben der Marquise du Châtelet wurde immer wieder auch von den Krisen in Voltaires Leben geprägt. So war der Jahreswechsel um 1738/39 neben dem Besuch der Madame de Graffigny bestimmt von der Affäre um den Abbé Pierre François Guyot Desfontaines (1685–1745). Auslöser war die Schmähschrift (Libelle) *La Voltairomanie*, die Desfontaines zugeschrieben und in der Voltaire u.a. als „antichristlicher Reimerling" deklariert wurde. Diese Libelle galt als Reaktion auf eine Schrift, die angeblich von Voltaire stammte, *Le Préservatif*.

Desfontaines war Jesuit, Professor der Rhetorik und Übersetzer von Swift, Pope und Fielding. Die Schmähschrift zog eine lange Affäre nach sich, die hohe Wellen in der Öffentlichkeit schlug und einen Keil zwischen die Freunde Voltaire und Thieriot[1] schob. In 15 Tagen wurden über 2000 Exemplare der Schrift verbreitet, was einen Angriff gegen Voltaires Werk und Person darstellte.[2]

Voltaire kannte Desfontaines seit 1724, als er mit ihm über Thieriot in Kontakt gekommen war. Er bewunderte die Bildung und Belesenheit des Jesuiten und empfing ihn freundschaftlich. Des-

1 Französischer Schriftsteller und langjähriger Freund Voltaires, geboren am 1.1.1697, gestorben am 23.11.1772.

2 Siehe auch Voltaire – Friedrich der Große. Briefwechsel, hrsg. von Hans Pleschinski. München 2010, S. 136.

fontaines bat schließlich Voltaire in einem Brief aus dem Gefängnis Bicêtre um Hilfe, wo der Abbé 1725 wegen „homosexueller Handlungen“ inhaftiert war. Voltaire setzte sich daraufhin für seine Freilassung ein, so dass die Haft nach nur drei Wochen endete. Desfontaines zeigte aber wenig Dank dafür und machte sich kurz darauf zu seinem Feind, als er Voltaire anonyme Briefe schrieb und in Holland 20 Libellen gegen ihn verbreitete.[3]

Am 15. September 1733 noch hatte Voltaire an Joseph de Seytres, den Marquis de Caumont, geschrieben, dass er Desfontaines für einen Kenner der Literatur halte.[4] Allerdings fiel seine Einschätzung zwei Jahre später ganz anders aus, da Desfontaines Voltaires *Lettres philosophiques* unschmeichelhaft kritisiert hatte. An Thieriot schrieb Voltaire im September 1735: „Ich habe die neue Kritik zu den ‚Lettres philosophiques‘ gelesen. Das ist eine Veröffentlichung eines ignoranten Pedanten, unfähig zum Schreiben, zum Denken [...].“[5] Auch gegenüber dem Freund Cideville äußerte sich Voltaire zu dieser Zeit unmissverständlich über Desfontaines, der einmal pro Woche Beleidigungen gegen ihn veröffentliche.[6] Voltaire war verärgert, da Desfontaines ihm doch eigentlich so viel verdankte; er hatte sein Leben gerettet, als er ihn aus dem Gefängnis Bicêtre geholt hatte. Desfontaines habe keinen Grund, sich gegen Voltaire zu wenden.[7] Er ging so weit zu sagen, dass es Desfonataines verdiene, verbrannt zu werden. Dieser Unglückliche beleidige alle vernünftigen Menschen.[8] Im Oktober 1735 kam es zu weiteren Konfrontationen

---

3 Voltaire an den Marquis Francesco Scipione de Maffei, September 1736, Voltaire, Correspondence, Vol. V, Brief 1103, S. 243.

4 Voltaire, Correspondence, Vol. III, Brief 633, S. 140.

5 Voltaire, Correspondence, Vol. IV, Brief 888, S. 140.

6 Voltaire, Correspondence, Vol. IV, Brief 885, S. 134.

7 Voltaire an den Dichter Gilles-Thomas Asselin am 4. Oktober 1735, Voltaire, Correspondence, Vol. IV, Brief 891, S. 144. Gilles-Thomas Asselin (1684–1767) war ein französischer Dichter.

8 An Pierre Joseph Thoulier d'Olivet, aus Cirey, ebenfalls am 4. Oktober 1735, Voltaire, Correspondence, Vol. IV, Brief 892, S. 146.

zwischen Voltaire und Desfontaines, der nun Broschüren in Umlauf gebracht hatte mit der Behauptung, dass eine Schrift mit dem Titel *Jules César* von Voltaire stamme, was aber nicht der Fall war.[9] 1736 schwankte das Verhältnis zwischen Voltaire und Desfontaines noch zwischen einem Auf und Ab. Mal bot Voltaire ihm seine Unterstützung an, dann wiederum bezeichnete er ihn als ein von der Öffentlichkeit verfolgter Hund, voller Undankbarkeit und schlechtem Geschmack.[10] Zu dieser Zeit, zu Beginn des Jahres 1736, war das Verhältnis zwischen Voltaire und Thieriot noch freundschaftlich geprägt. Er nennt ihn seinen Mersenne. Mersenne war der lebenslange Freund von Descartes.[11] Aber das sollte sich bald ändern, da Thieriot den Freund Voltaire in der Affäre um Desfontaines zutiefst verletzte.

Im Herbst 1738 dann kam es zum endgültigen Bruch zwischen Voltaire und dem Abbé. In Cirey kam ein Paket mit der Schmähschrift *La Voltairomanie* an, die Émilie entgegennahm und zunächst Voltaire gegenüber verschwieg. Am 29. Oktober wandte sie sich an den Freund d'Argental, weil sie sich noch nie in solch einer schrecklichen Situation befunden hatte. Sie bat den Freund um Hilfe. Voltaires Gesundheitszustand war miserabel und bewog sie dazu, alles zu unternehmen, damit er die schreckliche Schmähschrift von Desfontaines nicht zu Gesicht bekam und nichts davon erfuhr, was gegen ihn in Bewegung war.[12] Besonders wütend war sie auf Thieriot, der seinen langjährigen Freund Voltaire im Stich ließ.[13] Sie war verzweifelt. Voltaire habe seit Tagen Fieber, befinde sich in schlechter gesundheitlicher Verfassung und zeige eine extreme Empfindlich-

9 Voltaire an Thieriot, Correspondence, Vol. IV, Brief 893, S. 147.

10 An Asselin vom 29. Januar 1736, Voltaire, Correspondence, Vol. V, Brief 963, S. 30; und am 3. März 1736, Voltaire, Correspondence, Vol. V, Brief 991, S. 78.

11 Voltaire, Correspondence, Vol. V, Brief 998, S. 89.

12 Besterman, Bd. 1, S. 285f., Nr. 160; Correspondance d'Émilie Du Châtelet, Kölving/Brown, Lettre 175, Bd. 1, S. 403.

13 An d'Argental am 31. Oktober 1738, Besterman, Bd. 1, S. 289f., Nr. 162.

keit - die holländischen Verleger und die Libelle, dies alles würde ihn umbringen. D'Argental war in dieser Zeit ein wichtiger Freund, dem sie alles anvertraute und dem sie ihr Leid klagte. Sie war der Auffassung, dass Thieriot sich für seinen Freund Voltaire öffentlich einsetzen und die Verleumdungen dementieren müsse.[14]

Die Affäre um Desfontaines brachte Voltaire und seine Umgebung in einen Zustand höchster Rage. Voltaires unermessliche Wut gegen den Jesuiten war zeitweise unkontrollierbar und wurde durch Thieriots Verhalten, der eine höchst unrühmliche Rolle in dieser Affäre spielte, noch verschärft. Madame du Châtelet wollte besänftigend auf Voltaire einwirken und fing seine Briefe ab, um ihn zu schonen. Für beide spielte d'Argental in dieser Zeit eine große ausgleichende Rolle.[15]

Aber all ihre Vorsichtsmaßnahmen halfen nicht, Voltaire bekam die Schmähschrift schließlich zu Gesicht. Seit Beginn des Jahres 1739 lief die Affäre dann auf Hochtouren. Voltaires Korrespondenz zeigt insbesondere im Januar, dass er fast täglich Briefe an seine Freunde schrieb. Vor allem auch die Enttäuschung über das Schweigen Thieriots war Gegenstand seiner Schreiben. In einem Brief vom 2. Januar 1739 beklagte er sich bei dem Freund, dass er, Thieriot, seine über 20 Jahre währende Freundschaft an einen Betrüger verraten habe.[16] „Dieser Schurke Abbé Desfontaines hat nun das bekommen, was er wollte. Er hat mir Ihre Freundschaft genommen. [...] Seit dem seine Schmähschrift am 14. Dezember 1738 erschienen ist, habe ich nichts von Ihnen gehört. Niemand erwartet von Ihnen eine öffentliche Stellungnahme, aber ich erwarte von Ihrem Herzen ein Zeichen Ihrer Freundschaft. [...] Mme und M. du Châtelet

14 26. Dezember 1738 an d'Argental, Besterman, Bd. 1, S. 282, Nr. 158; Correspondance d'Émilie Du Châtelet, Kölving/Brown, Lettre 187, Bd. 1, S. 426.

15 Vorwort Besterman zu Vol. VIII, S. xix.

16 Voltaire, Correspondence, Vol. VIII, Brief 1655, S. 149.

und Mme de Champbonin sind von Ihrem Schweigen entsetzt."[17] Thiriots Verhalten zerstörte schließlich die Freundschaft zwischen beiden für längere Zeit. Er sei nun nicht mehr sein Freund, wie Voltaire an Berger schrieb.[18]

Auch Émilie war überaus erbost über Thieriots Verhalten, der schwieg und für sie einer der undankbarsten Menschen war.[19] Wiederholt wandte sie sich an den Freund d'Argental und schilderte, wie verzweifelt Voltaire wegen der Schmähschrift Desfontaines' sei und wie sehr er darunter leide, Gegenstand des öffentlichen Gesprächs zu sein. Voltaire wollte gegen Desfontaines sogar strafrechtlich vorgehen. Sie berichtete d'Argental über den Brief, den ihr Mann an Thieriot in der Sache geschrieben hatte.[20] Der Marquis du Châtelet unterstützte Voltaire in der Affäre, indem er sich am 10. Januar mit einem Brief an Thieriot wandte: „Die große Freundschaft, die ich gegenüber Mr. de Voltaire empfinde, und die Kenntnis, die ich über seine Freundschaft Ihnen gegenüber habe [...] bringen mich dazu, Ihnen zu schreiben, um Sie dazu zu bringen, dem nachzugehen, was Sie der Wahrheit und der Freundschaft gegenüber schuldig sind. Die Briefe, die ich von Ihnen gesehen haben, wo Sie sich zur Schmähschrift von Desfontaines äußern, überzeugen mich davon, dass Sie keinen Anteil an der neuen Schmähschrift ‚Voltairomanie' haben, aber es zeigt, wie sehr diese Schrift die Ehre Voltaires verletzt." Der Marquis appellierte daran, dass nichts zähle als die Wahrheit, er sei mehr als jemand anderes dazu verpflichtet, die Ehre eines Mannes wiederherzustellen, den der Abbé Desfontaines des Diebstahls beschuldigt habe. Mit sehr

17 Voltaire, Correspondence, Vol. VIII, Brief 1656, S. 151.

18 9. Januar 1739, Voltaire, Correspondence, Vol. VIII, Brief 1674, S. 174.

19 Am 3. Januar 1739 an d'Argental, Besterman, Bd. 1, S. 292, Nr. 163; Correspondance d'Émilie Du Châtelet, Kölving/Brown, Lettre 196, Bd. 1, S. 440f.

20 Am 10. Januar 1739 an d'Argental, Besterman, Bd. 1, S. 295f., Nr. 164; Correspondance d'Émilie Du Châtelet, Kölving/Brown, Lettre 200, Bd. 1, S. 446f.

klaren Worten forderte er von Thieriot ein faires Verhalten gegenüber Voltaire, zu dessen Freunden er, der Marquis, sich mit Freude zähle.[21] Voltaire war für das Einschalten des Marquis und der Marquise dankbar, die ihm ehrenwerte und große Freunde seien, die es eigentlich vorzögen, eher mehr als weniger zu unternehmen.[22]

Im Januar 1739 wandte Émilie sich in der Angelegenheit sogar an Friedrich II. von Preußen. Anlass war, dass Thieriot die *Voltairomanie* an Friedrich geschickt hatte. Sie versuchte, Friedrich auf die richtige Seite zu ziehen, und erklärte dem Kronprinzen, wie sehr Thieriot in Voltaires Schuld stand: Voltaires Großzügigkeit stehe weit über seinen Talenten, denn er habe Thieriot über zehn Jahre lang Kost und Logis gewährt. Er, der Voltaire so viel verdanke, sei heute so weit davon entfernt, seinen Wohltäter zu verteidigen und ihn wie einen Freund zu behandeln.[23]

In einem anderen Brief an den Kronprinzen erwähnte sie einen weiteren Affront des ehemaligen Freundes, nämlich einen offenen Brief von Thieriot. Sie war tief gekränkt, da er sie und ihren Namen damit beleidigte.[24] Thieriot hatte einen an die Marquise du Châtelet gerichteten Brief an über 200 Personen, vor allem an Höflinge, geschickt. Diesen Brief, sein Schweigen und seine Beschuldigungen empfand Voltaire als einen großen Hieb gegen die Freundschaft, die er und die Marquise du Châtelet Thieriot entgegengebracht hatten. Voltaire berichtete Thieriot, wie ungehalten Émilie sei, dass er einen an sie adressierten Brief in Umlauf gebracht habe. Das sei gegen alle Regeln. Er frage sich immer wieder, wie Thieriot auf solch eine Idee gekommen sei.[25] Voltaire war unversöhnlich und wandte sich wieder

---

21 Voltaire, Correspondence, Vol. VIII, Brief 1680, S. 184.

22 Voltaire an Thieriot, 15. Januar 1739, Voltaire, Correspondence, Vol. VIII, Brief 1697, S. 211.

23 12. Januar 1739, Besterman, Bd. 1, S. 300, Nr. 168, Correspondance d'Émilie Du Châtelet, Kölving/Brown, Lettre 202, Bd. 1, S. 450f.

24 Am 27. Februar 1739, Besterman, Bd. 1, S. 339, Nr. 193, Correspondance d'Émilie Du Châtelet, Kölving/Brown, Lettre 230, Bd. 1, S. 499.

25 Voltaire, Correspondence, Vol. VIII, Brief 1716, S. 241.

an ihn: „Ah, mein Freund, mein geschätzter Freund seit 25 Jahren, was haben Sie getan? Welch unglücklichen Brief, diktiert von der Politik, haben Sie an Madame du Chatelet geschrieben? An diese großmütige Seele, die nichts für die Politik übrig hat, aber viel für Wahrheit, Freundschaft und Mut. Machen Sie es wieder gut, es ist jetzt an der Zeit, schreiben Sie ihr, [...] opfern Sie Ihren Freund nicht an diesen Schurken, der Sie verabscheut und beschimpft. [...] Ich habe kaum etwas an das Palais Royal geschrieben. Ich möchte wissen, ob Sie ihr diese schreckliche Libelle geschickt haben, das ist ein wichtiger Punkt. Sagen Sie uns offen die Wahrheit [...]. Während ich Ihnen schreibe, laufen mir die Tränen über die Wangen."[26] Voltaire bat Thieriot, alle Kopien dieses Briefes zurückzuziehen. Er fragte ihn auch, warum er ihn an den Königlichen Prinzen geschickt habe? Könne dieser ihn überhaupt verstehen, wenn er die Schmähschrift nicht gelesen hat? Was wolle er ihm damit mitteilen? „Möchten Sie ihm zu verstehen geben, dass ich der Autor des Preservatif sei? [...] Dass Sie Ihren Brief vom 26. August 1726 verloren haben? Welch ein Gefasel!"[27]

Unermüdlich setzte sich Émilie für ein Ende der schrecklichen Affäre ein. Sie war davon überzeugt, dass sich Desfontaines endlich erklären musste und bezeugen sollte, dass er Voltaire niemals habe beleidigen wollen. Er müsste endlich erklären, dass nichts in der *Voltairomanie* inhaltlich stimme und alles pure Verleumdung sei, ganz gleich, ob er der Autor sei oder nicht.[28] Von Madame de Champbonin und anderen Nahestehenden hatte Émilie erfahren, dass mittlerweile zahlreiche andere Broschüren im Umlauf waren, die die *Voltairomanie* zum Thema hatten. Eine von ihnen mit dem Titel *Le Médiateur* war ihr zugeschickt worden. Sie war sich sicher, dass

26 Am 9. Januar 1739 Voltaire an Thiériot, Correspondence, Vol. VIII, Brief 1676, S. 178.

27 An Thieriot am 28. Januar 1739, Voltaire, Correspondence, Vol. VIII, Brief 1748, S. 306.

28 An d'Argental im März 1739, Besterman, Bd. 1, S. 343, Nr. 196, Correspondance d'Émilie Du Châtelet, Kölving/Brown, Lettre 233, Bd. 1, S. 502.

diese von Desfontaines stammte. Sie schickte diese neue Libelle an Madame de Champbonin mit dem Ziel, dass Monsieur Hérault und Monsieur d'Argenson sie zu Gesicht bekämen, und sie hoffte, dass deren Autorität helfen würde, diese Sache angemessen zu behandeln.[29]

Unterdessen gingen Desfontaines und sein Drucker Claude-François Jore so weit, dass sie die Verleger gegen Voltaire einschworen. Sie druckten die Schmähschrift im Vorspann seiner Werke, um sich gegen ihn zu rächen, wie Voltaire von einem Freund in Holland erfahren hatte. Während er ruhig blieb, diffamierten ihn seine Feinde in ganz Europa.[30] So gingen die Klagen Voltaires an Thieriot weiter wie am 18. Januar: „Ihr Schweigen, währenddessen mir die ganze Welt schreibt, überrascht mich kaum, mich, der an ihre Nachlässigkeiten gewöhnt ist [...]. Aber es ist zuletzt unwürdig [...] und Sie schulden der Madame du Chastelet die zärtlichste Entschädigung für die grausamen Gedanken, die Sie ihr überbracht haben."[31]

Voltaire schaltete alle möglichen Freunde und Bekannten ein, die ihm in der Affäre behilflich sein könnten. So berichtete er der Marquise de Bernières, dass er ihren Brief an d'Argental weitergeleitet habe, damit dieser den Brief einflussreichen Persönlichkeiten oder anderen Magistraten zeige, die wiederum Desfontaines bestrafen könnten.[32] Der nächste Schritt wäre ein Prozess, den Voltaire gegen Desfontaines anstrengen wollte.[33] Auch Friedrich gegenüber berichtete Voltaire über die Affäre. Am 18. Januar 1739 beklagte er sich über die Verfolgung vonseiten Rousseaus und Desfontaines. Er ziehe

29 Émilie du Châtelet an d'Argental, 25. März 1739, Besterman, Bd. 1, S. 351, Nr. 202.

30 Voltaire an d'Argental, 10. Januar 1739, Voltaire, Correspondence, Vol. VIII, Brief 1683, S. 189.

31 Voltaire, Correspondence, Vol. VIII, Brief 1712, S. 232.

32 Voltaire, Correspondence, Vol. VIII, Brief 1725, S. 271.

33 Voltaire an d'Argental, 26. Januar 1739, Voltaire, Correspondence, Vol. VIII, Brief 1725, S. 271.

sich nach Cirey zurück, weil er in Paris von Verleumdungen und Verschmähungen überhäuft werde.[34]

Voltaire wünschte sich nichts anderes, wie er an René Hérault schrieb, als dass dies endlich aufhöre, und bat ihn darum, seine Autorität dafür einzusetzen.[35] In einer Erklärung vom 4. April 1739 schließlich gab Desfontaines zu, dass nicht Voltaire der Autor der Schrift *Le Préservatif* sei.[36] Tatsächlich stammte die Schrift *Préservatif* von einem gewissen Latouche, redigiert vom Chevalier de Mouhy, auf Basis eines alten Memoires, wie Voltaire an d'Argental am 9. Februar 1739 berichtete.[37] So entspannte sich Voltaire im weiteren Laufe des Jahres 1739 allmählich und löste sich von dem ganzen Ärger der letzten Monate. Thieriot vergab er schließlich.[38] Der Procureur du Roy – der Ankläger des Königs – hatte alle in Alarmbereitschaft versetzt und die Verfolgung Desfontaines veranlasst.[39] Der Verleger und Buchhändler Henri du Sauzet versicherte Voltaire am 4. Juni 1739 aus Amsterdam: „Diese Angelegenheit ist jetzt beendet, Ihre Ehre ist wiederhergestellt und Ihre Feinde sind entlarvt."[40]

34 Pleschinski, Briefwechsel, S. 136.

35 Voltaire an René Hérault, Cirey, 2. März 1739, Voltaire, Correspondence, Vol. IX, Brief 1829, S. 7.

36 Besterman, Bd. VIII, S. 357, Nr. 207; siehe auch Voltaire an d'Argental, 9. Februar 1739, Voltaire, Correspondence, Vol. VIII, Brief 1774, S. 342.

37 Voltaire, Correspondence, Vol. VIII, Brief 1774, S. 342.

38 Einleitung zu Vol. IX, Voltaire, Correspondence, Vol. IX, Introduction to Volume IX, S. XIX.

39 Voltaire an Bonaventure Moussinot, 25. März 1739, Voltaire, Correspondence, Vol. IX, Brief 1863, S. 57.

40 Voltaire, Correspondence, Vol. VII, Brief 1927, S. 152.

DER ERBSCHAFTSPROZESS IN BELGIEN

Ab Sommer 1739 beschäftigte Émilie eine weitere Angelegenheit, die sich lange hinziehen sollte und sie zu mehreren längeren Aufenthalten in Belgien zwang: die Erbschaft von Trichâteau, einer Familienlinie ihres Mannes. Dem Marquis du Châtelet gehörten in der Normandie kleinere Besitztümer wie St. Remy, Heurlimont und Feuillois, die eine gewisse Relevanz für den König hatten.[1] Daher waren ab 1739 mehrere Reisen nach Brüssel notwendig, um diese Erbschaft anzutreten. Es handelte sich um einen weiteren Besitz des Marquis de Trichâteau nahe Jülich.[2] Mit der Erbschaft gingen jedoch einige Probleme einher, weswegen die Marquise langwierige Prozesse führen musste, die sich über Jahre hinzogen.[3]

Am 8. Mai 1739 brachen die Marquise und der Marquis mit Voltaire in Richtung Belgien auf, wo sie den ersten Prozess in dieser Angelegenheit führten.[4] Voltaire schrieb an Madame de Champbonin im Juni aus Beringhem in Belgien: „Wir sind nun in der tiefsten Barbarei in dem Reich seiner Hohheit des Marquis de Trichâteau

1 Voltaire an Cideville, 28.6.1740, Voltaire, Correspondence, Vol. X, Brief 2120, S. 174.

2 Voltaire an Friedrich, Cirey, 8. August 1738, Pleschinski, Briefwechsel, S. 123.

3 Voltaire an Friedrich, Cirey, 1.1.1739, Pleschinski, Briefwechsel, S. 129.

4 Voltaire an Berger, 7. Mai 1739, Cirey, Voltaire, Correspondence, Vol. IX, Brief 1912, S. 127.

angelangt. Wir sind in Beringhem, morgen fahren wir zum Schloss von Ham. Émilie beschäftigt sich mit Algebra; das Schloss von Ham ist weniger schmuckvoll als Cirey, hier findet man weniger Bäder und Kabinette in Blau und Gold, aber es ist bewohnbar und hat schöne Alleen. […] Mme du Châtelet arbeitet mit aller Kraft für den Erbschaftsprozess, wenn der Erfolg von ihrem Geist und ihrer Arbeit abhinge, dann wäre sie sehr reich; aber unglücklicherweise wird der Ausgang von Leuten abhängen, die weniger Esprit als sie haben."[5] In Brüssel bezogen sie eine Wohnung in der Rue de la Grosse-Tour.[6] Sie nutzten die verbleibende Zeit auch zum Arbeiten und für Besuche von Bekannten. So besuchten sie den Duc d'Aremberg in Enghien, der ein Schloss bewohnte, in dem es keine Bücher gebe, außer denen, die die Marquise mitgebracht habe, wie Voltaire monierte, dafür aber Gärten, die schöner seien als die von Chantilly.[7] Die Marquise beklagte sich in einem Brief an Bernoulli, dass es sich bei dem Erbschaftsprozess um ein „unendliches Meer ohne Grund und Ufer" handele. Seit dem Tod des Marquis de Trichâteau liege alles beim Marquis du Châtelet und sie befänden sich immer noch am selben Punkt, seien keinen Schritt weitergekommen. Sie bat Bernoulli um Gespräche, die in dieser Zeit ein wunderbares Gegengift seien.[8] Im Zuge des Erbschaftsprozesses mussten auch andere Freunde zum Trost dienen. So erwartete sie den Comte d'Argental für Oktober 1740 in Cirey.[9] Mitte August reisten Voltaire und Émilie wieder nach Paris, wo sie sich ab dem 25. August aufhielten.[10]

5 Voltaire, Correspondence, Vol. IX, Brief 1929, S. 155f.
6 Voltaire, Correspondence, Vol. IX, Brief 1931, S. 158.
7 Voltaire an Helvétius, Anguien (Enghien), 6. Juli 1739, Voltaire, Correspondence, Vol. IX, Brief 1942, S. 183.
8 Vom 27. April 1740, Besterman, Bd. 2, S. 15f., Nr. 238; Correspondance d'Émilie Du Châtelet, Kölving/Brown, Lettre 287, Bd. 1, S. 579.
9 Besterman, Bd. 2, S. 25, Nr. 245.
10 Voltaire, Correspondence, Vol. IX, Brief 1968, S. 227.

„SIE WIRD KOMMEN MIT ‚ZUREICHENDEM GRUNDE' UND IST UMSCHWÄRMT VON MONADEN" – *INSTITUTIONS DE PHYSIQUE*

Mit dem Entrée in die Welt der Wissenschaft geriet Émilie du Châtelet zunehmend auch in die Konfrontation zwischen Cartesianern und Newtonianern. In den 1730er und 1740er Jahren erfuhren Newtons Theorien, darunter vor allem die Gravitationslehre, eine breite und kontroverse Rezeption in Frankreich. Denn Cartesianer wie Réaumur, Cassini und Mairan hatten Probleme, sich mit der Gravitation anzufreunden, da sie im Widerspruch zu den Lehren Descartes' stand. Voltaire brachte diese Auseinandersetzung zwischen beiden Lagern im 14. Kapitel seiner *Lettres philosophiques* auf den Punkt: Worin die Cartesianer einen Antrieb oder Anstoß sehen, liege für Newton die Anziehungskraft. In Paris habe die Erde die Form einer Melone, in London sei sie an den Polen abgeflacht; das Licht existiere für einen Cartesianer in der Luft, für einen Newtonianer komme das Licht von der Sonne, und zwar in sechseinhalb Minuten. Voltaire spitzt schließlich zu: Newton habe das cartesianische System zerstört.[1]

1 Voltaire, Lettres philosophiques, hrsg. von Frédéric Deloffre. Paris 1986, S. 96.

In den *Lettres philosophiques* widmete Voltaire insgesamt drei Briefe bzw. Kapitel Isaac Newton, in denen er u.a. auch auf die Gravitationslehre und die Optik eingeht. Eine weitere, noch bedeutendere Schrift ist seine Arbeit *Eléments de la philosophie de Newton*, in der er die bahnbrechenden, in Frankreich noch wenig bekannten Theorien vorstellte. Neben Voltaire zählte auch Maupertuis zur Fraktion der Newtonianer. Er hatte sich nach Abschluss seiner Studien bei Bernoulli in Basel und seiner Rückkehr nach Paris mit der Gravitationslehre angefreundet und 1732 in den Mémoires der Akademie der Wissenschaften den Text *Sur les lois de l'attraction*, einen Kommentar der Sektionen XII und XIII der *Principia* von Newton, sowie den *Discours sur la figure des astres* publiziert.

Für Émilie du Châtelet schien es, als befinde sie sich inmitten eines Religionskriegs, auch weil Maupertuis wie zum Freiwild der feindlich gesinnten Cartesianer wurde.[2] Sie ermutigte den Freund, indem sie ihm schrieb, dass es seinen Mühen zu verdanken sei, dass Newton in Frankreich rezipiert werde.[3] Newton sollte später auch für die Marquise du Châtelet größere Bedeutung erhalten, nämlich im Rahmen ihrer Übersetzung der *Principia*[4]. Zu dieser Zeit beschäftigte sie sich allerdings noch mit einem anderen Philosophen: Gottfried Wilhelm Leibniz. Um ihre Kenntnisse in der deutschen Philosophie, insbesondere der Lehre Leibniz', zu vertiefen, war Émilie auf der Suche nach einem neuen Lehrer. Sie dachte zunächst an Bernoulli. Zur gleichen Zeit empfahl ihr Maupertuis den jungen Schweizer Mathematiker Johann Samuel König[5], worauf Émilie sich einließ. Der Unterricht begann im April 1739. Gemäß Voltaires Äußerungen beschäftigte sich Émilie nun – zu sei-

2 Badinter: Émilie, S. 197.

3 Am 10. Januar 1738, Besterman, Bd. 1, S. 207; Correspondance d'Émilie Du Châtelet, Kölving/Brown, Lettre 130, Bd. 1, S. 324f.

4 Der ausführliche Titel von Newtons Hauptwerk lautet *Philosophiae Naturalis Principia Mathematica* (1686).

5 Geboren am 1. Juli 1712 in Büdingen; gestorben am 21. August 1757 in Zuilenstein bei Amerongen.

INSTITUTIONS
DE
PHYSIQUE.

A PARIS,
Chez PRAULT fils, Quai de Conty, vis-à-vis la deſcente du Pont-Neuf, à la Charité.

M. DCC. XL.
Avec Approbation & Privilége du Roi.

fig. 55. Titlepage of mme Du Châtelet's book

Abb. 6: Titelseite *Institutions de physique*

nem Verdruss - vertieft mit der Metaphysik Christian Wolffs, dem berühmten Interpreten von Leibniz. Keine andere Philosophie der Zeit erfüllte ihre Erwartungen in Logik und Rationalismus so sehr, und sie wollte ihrem Sohn eine Idee der Leibniz'schen Philosophie vermitteln. An Friedrich von Preußen schrieb sie am 25. April

1740, dass die Physik nicht ohne Metaphysik auskommen könne, auf der sie basiere.[6]

Ihr tiefes Interesse an Leibniz fand schließlich Ausdruck in ihrer ersten großen Abhandlung, den *Institutions de physique*, einer Einführung in die Naturphilosophie der Zeit. Leibniz' Philosophie, insbesondere seine Monadologie und die Theorie des zureichenden Grundes, nimmt neben Newton und Descartes einen großen Teil der Einführung ein.[7] Dieses erste große Werk der Marquise erschien Pfingsten 1740 im Verlagshaus Prault & Sohn, zunächst anonym. 1741 folgten Nachdrucke bei Pierre Mortiers in Amsterdam und bei Paul Vaillant in London.[8] 1743 erschien die deutsche Ausgabe unter dem Titel *Naturlehre an ihren Sohn*.

Mit einer klaren und verständlichen Sprache bot Émilie du Châtelet gebildeten Laien eine Einführung in die wissenschaftlichen Fragen ihrer Zeit. Zwei Ziele verfolgte die Autorin dabei, wie sie im Vorwort schreibt: Zum einen sollte mit der Publikation eine Lücke gefüllt werden. Sie vermisste eine vergleichbare Darstellung, was ihr insbesondere aufgefallen war, als sie den naturwissenschaftlichen Unterricht für ihren Sohn übernommen hatte. Zum anderen wollte sie der Newton'schen Physik die notwendige metaphysische Basis geben, die dieser in ihren Augen noch fehlte. Voltaires 1738 erschienene Abhandlung zu Newton, die *Eléments de la philosophie de Newton*, an der sie mitgewirkt hatte, verlief ihr in zu engen Bahnen. Ihr fehlte außer der metaphysischen auch die kausale Erklärung der

6 Émilie du Châtelet an Friedrich, Correspondance, Kölving/Brown, Lettre 286, S. 576f.; siehe auch Badinter: Émilie, S. 304.

7 Anne-Lise Rey, Leibnizianisme dans les „Institutions de physique", in: Ulla Kölving/Courcelle, Olivier (Hg.): Émilie du Châtelet, S. 231–242, hier S. 232.

8 Es erschien 1742 unter dem leicht veränderten Titel *Institutions physiques* als Neuauflage; Prunea-Bretonnet: Émilie, Friedrich der Große und die „Leibniz-Wolff'sche Metaphysik", in: Hagengruber/Hecht (Hrsg.): Émilie Du Châtelet und die deutsche Aufklärung, Wiesbaden 2019, S. 295–321, hier S. 310.

Gravitation.[9] Das Werk wurde schließlich eine Neuinterpretation der Newton'schen und Leibniz'schen Prinzipien bei gleichzeitiger Inklusion des cartesischen Erbes.[10]

Neben diesen beiden Zielen ist das Werk auch pädagogisch ausgerichtet. Die Marquise widmete es nicht nur ihrem Sohn Louis Marie Florent, sie spricht ihn im Vorwort auch direkt an. Hier schreibt sie, wie sehr es die oberste Pflicht eines Menschen sei, den Kindern eine Erziehung zu vermitteln, die diese davor bewahre, im späteren Alter ihre Jugend zu bereuen; sie sollten dieses Alter nutzen, in dem man etwas lernen kann. „Ihr seyd, mein Sohn, in dem glückseligen Alter, da der Verstand zu denken anfänget, und die Leidenschaften noch nicht lebhaft genug sind, das Herze zu beunruhigen."[11] Für den Sohn sei jetzt die richtige Zeit gekommen, wo er sich den Naturstudien widmen könne. Bald würden die Leidenschaften und Vergnügungen seines Alters ihn komplett in Beschlag nehmen. Jetzt sei die Zeit, um zu lernen, denn jetzt könne er dies noch mit Leichtigkeit, was ihm in späterem Alter schwerer fallen würde. Sie wolle ihn vor der Ignoranz behüten, die in seiner Gesellschaftsschicht nur allzu verbreitet sei.[12] So appelliert sie an die Leser: „Ihr müsset Euren Verstand bey Zeiten gewöhnen, dass er denken und sich selbst genug seyn könne. Ihr werdet zu allen Zeiten Eures Lebens empfinden, wie vielen Vorschub und Trost man aus dem Studiren schöpfe und erfahren, daß es so gar Ergetzung und Annehmlichkeiten zuwege bringen könne."[13]

9 Zinsser, Judith P. (Hrsg.): Émilie du Châtelet. Selected Philosophical and Scientific Writings, S. 105.

10 Dieter Suisky: Leonhard Euler und Émilie du Châtelet, in: Hagengruber (Hrsg.): Émilie du Châtelet between Leibniz and Newton, S. 115 und 117.

11 In der deutschen Übersetzung: Die Frau Marquisinn du Chastellet: Naturlehre an ihren Sohn. Halle/Leipzig 1743, S. 1.

12 Naturlehre, S. 1.

13 Ebd., S. 2.

Angesichts der Publikationslücke, die es ihrer Ansicht nach zu schließen galt, wunderte sie sich, dass ungeachtet so vieler gebildeter Menschen in Frankreich noch keiner von ihnen auf die Idee gekommen sei, solch ein Buch zu schreiben. Es gebe zwar viele exzellente Bücher zur Physik, aber außer der Abhandlung von Jacques Rohault[14] keines, das diesen Gegenstand umfassend erkläre.

Sie beklagt im Vorwort zudem, dass die Wissenschaften im letzten Jahrhundert ein unzugängliches Geheimnis darstellten, das nur den Gelehrten vorbehalten sei. Somit seien Gesellschaften entstanden mit Losungen aus „barbarischen Worten", die keiner verstehen könne und die den Verstand verdunkelten. In dieser düsteren Zeit sei Descartes aufgetaucht wie ein Stern, der das Universum erleuchtete. Die Revolution, die dieser große Mann für die Wissenschaften ausgelöst habe, sei von größerem Nutzen und erinnerungswürdiger als die Leistungen großer Weltreiche. Die Marquise war der Ansicht, dass die menschliche Vernunft am meisten Descartes verdanke. Die Geometrie dieses großen Mannes, seine Lehre von der Lichtbrechung, seine Methode, all das seien Meisterstücke seiner Urteilsfähigkeit, die seinen Namen unsterblich werden lassen.[15]

Die Systeme von Newton und Descartes spalteten die Welt der Wissenschaft, so Émilie. Es war daher ihr Wunsch, dass ihr Sohn beide Seiten kennenlernte. Aber ihr vorrangiges Ziel war es, ihrem Sohn das Newton'sche System näherzubringen. Sie war unglücklich darüber, dass die Debatte über Newton und Descartes sich zu einer nationalen Affäre entwickelt hatte. Hinsichtlich eines wissenschaftlichen Werks sollte man sich fragen, wie sie im Vorwort schrieb, von welcher Qualität das Werk sei, und nicht, welche nationale Herkunft ein Autor habe: „Wenn von einem physikalischen

14 Französischer Physiker und Mathematiker (1618–1672). Er war einer der Hauptvertreter des Cartesianismus und schrieb ein verbreitetes Physik-Lehrbuch, den *Traité de Physique* (Paris 1671), der in zahlreichen Neuauflagen bis 1730 erschien.

15 Naturlehre, S. 5

Buche die Rede ist, so muß man fragen, ob es gut ist; und nicht, ob der Verfasser ein Engländer, ein Deutscher oder ein Franzose ist.“[16] Sie wandte sich damit nicht nur gegen die Front, die sich zwischen Cartesianern und Newtonianern errichtet hatte, sondern auch gegen die Bewertung von Wissenschaft aus nationaler Perspektive. Sie nutzte das Vorwort auch, um sich methodischen Fragen zu stellen, und verteidigte die Arbeit mit Hypothesen, die in der Wissenschaft von großer Notwendigkeit seien. Mit klarem Verstand entlarvte sie Fehler auf beiden Seiten, den Cartesianern und den Newtonianern: „Über dieses dünket mich, sey es so unbillig, wenn die Cartesianer die Anziehung, als eine Hypothesin nicht annehmen wollen, als es unvernünftig ist, wenn einige Newtonianer sie zu einer Eigenschaft einer Materie machen. Man muß gestehen, daß etliche unter ihnen darin zu weit gegangen sind.“[17] Ebenso nimmt sie erkenntnistheoretische Fragen der Zeit in ihren Blick, wie sich in ihrer Bemerkung zeigt, dass es eine Wirklichkeit außerhalb dessen gibt, was wir mit unserem Verstand wahrnehmen können, und dass wir mit unseren optischen Fähigkeiten nicht die ganze Realität des Seins erfassen können: „Vermutlich giebet es viele Wahrheiten, die gar nicht dazu gemachet sind, daß sie den Augen unseres Verstandes sichtbar werden, gleichwie es auch Dinge giebet, die unseren leiblichen Augen verborgen bleiben werden.“[18] Ein Fehler von manchen Philosophen sei der, dass sie die Hypothesen aus der Physik verbannen wollten. Hypothesen seien aber so wichtig wie das Gerüst an einem Haus, das man baut. Die Astronomie sei auf Hypothesen begründet, und wenn diese in der Physik verboten wären, so hätte man nicht so viele Entdeckungen gemacht.[19] Es sei wichtig, den eigenen Verstand einzusetzen und ein blindes Vertrauen Höhergestellten gegenüber abzulehnen, wie

16 Ebd., S. 8.
17 Ebd., S. 8.
18 Ebd., S. 9.
19 Ebd., S. 9.

sie Louis Marie Florent instruierte. Ihr Sohn solle die Hochachtung vor den größten Männern nicht bis zur blinden Anbetung hin betreiben, wie es die meisten ihrer Schüler zu tun pflegen: „Jeder Philosoph hat etwas gesehen, keiner aber alles."[20]

Inhaltlich gliedert sich die Abhandlung in zwei große Abschnitte. Auf die Darstellung von Leibniz' Philosophie folgt im zweiten Teil die der Physik Newtons. In den ersten Abschnitten erklärt Émilie die Prinzipien der Leibniz'schen Metaphysik, beeinflusst, wie sie im Vorwort schreibt, von Christian Wolff. Ein Anliegen war es ihr, die Leibniz'sche Philosophie in Frankreich bekannt zu machen, da er dort noch zu wenig beachtet würde. „Mit dem Satz des zureichenden Grundes habe er einen Kompass geschaffen, der uns durch den treibenden Sand der Wissenschaft führt."[21]

Das erste Kapitel widmet die Autorin den Prinzipien des Wissens. Sie diskutiert die Unterschiede zwischen Vorstellung und Beweis sowie zwischen dem Möglichen und dem Unmöglichen. In einem darauffolgenden großen Abschnitt erklärt sie das Leibniz'sche Prinzip des Widerspruchs sowie des Satzes zum zureichenden Grund, des allgemeinen Grundsatzes, dass jedes Sein oder Erkennen in angemessener Weise auf ein anderes zurückgeführt werden kann. Sie erläutert die Notwendigkeit, zwischen dem Möglichen und dem Tatsächlichen zu unterscheiden, und erklärt, warum aus dem Prinzip des zureichenden Grundes das Gesetz der Kontinuität folgt.[22] Des Weiteren diskutiert sie die Existenz Gottes und dessen Attribute wie ewig, unveränderbar und einfach. Sie interpretiert Gott als intelligentes und freies Wesen, als unendlich weise. Hierauf folgt dann die Erläuterung der Theodizee, Leibniz' Theorie über die beste aller möglichen Welten.[23]

---

20 Ebd., S. 10.

21 Zinsser: Selected Philosophical and Scientific Writings, S. 123.

22 Naturlehre, S. 23, siehe auch Zinsser: Selected Philosophical and Scientific Writings, S. 131.

23 Naturlehre, S. 60.

Im vierten Kapitel erklärt sie die Bedeutung von Hypothesen in der Wissenschaft. Sie begründet die Nützlichkeit von Hypothesen in der Physik und kritisiert den Missbrauch von Hypothesen. Descartes habe die Menschheit „auf den Geschmack" der Hypothesen gebracht. Das Verhältnis zwischen den Phänomenen und ihren Ursachen werde zunächst von Wahrscheinlichkeiten bestimmt. So sei die Astronomie überwiegend aus Hypothesen entwickelt worden, nämlich indem die Wege der Planeten kalkuliert worden seien. Wenn die Astronomen auf das Finden der wirklichen Theorie gewartet hätten, gäbe es keine Astronomie, wie sie im vierten Kapitel der *Institutions de physique* schreibt.[24] Sie verteidigt nicht nur die Sinnhaftigkeit von Hypothesen, sondern räumt auch der Methode der Verifikation und Falsifikation eine große Bedeutung ein. Jede Hypothese galt ihr als eine potenzielle oder kontingente Wahrheit, sie sei ein Mittel zur Erkenntnis der Wahrheit, aber noch nicht die Wahrheit selbst.[25]

Auch setzt sie sich in den *Institutions de physique* mit dem Widerspruch zwischen Descartes' Wirbeltheorie und den Kepler'schen Gesetzen auseinander, dem Widerspruch, den Newton schließlich aufgedeckt hatte.[26] Es folgen Kapitel zur Einführung in die Theorien über Zeit und Raum. Im siebten Kapitel diskutiert die Autorin schließlich das Wesen von Materie und erläutert Descartes' Positionen sowie deren Überwindung durch neuere Theorien.[27] Großen Raum nimmt sodann die Monadenlehre von Leibniz ein. Sie erklärt, dass die Leibniz'sche Lehre in Frankreich noch kaum bekannt sei, und ihre Motivation, die Franzosen in diese Gedankenwelt einzuführen:

---

24 Ebd., S. 81ff.; siehe auch Ruth Hagengruber (Hrsg.): Émilie du Châtelet between Leibniz and Newton, S. 16 und 20.

25 Suisky: Émilie du Châtelet und Leonhard Euler über die Rolle von Hypothesen, in: Émilie Du Châtelet und die deutsche Aufklärung, S. 99-172, hier S. 133.

26 Naturlehre, S. 93.

27 Ebd., S. 141ff.

> „In Frankreich weiß man von dieser Meinung des Herrn von Leibnitz noch außer dem Worte Monaden noch weniges. Die Schriften des berühmten Wolffens, darin er das Lehrgebäude des Herrn von Leibnitz, welches unter seinen Händen eine ganz neue Gestalt bekommen, mit so großer Deutlichkeit und Beredsamkeit erkläret, sind noch nicht ins Französische übersetzet. Ich will mich also bemühen, Euch die Gedanken dieser beiden großen Weltweisen von dem Ursprunge der Materie begreiflich zu machen."[28]

In den Kapiteln des zweiten Teils der *Institutions de physique* folgen die Einführung in die Bewegungs- und Kraftlehre von Newton. Ausführlich erläutert sie hier die drei Gesetze der Bewegung.[29] Ein weiterer Schwerpunkt ist die Gravitationslehre, also die Lehre über die Schwerkraft. Hier geht sie auf ältere Theorien der Schwerkraft von Aristoteles und Galileo ein.[30] Über Ausführungen zu den Kepler'schen Gesetzen gelangt sie schließlich zu Newtons *Principia*, deren Errungenschaften sie umfassend würdigt und deren klare Analyse abermals einen ansehnlichen Platz in den *Institutions* einnimmt. „Herr Newton hat durch Scharfsinnigkeit und Rechnungen herausgebracht, und in dem ersten Corollario zu der 45sten Proposition seines ersten Buches erwiesen: daß, wenn sich ein Planete um einen beweglichen Mittelpunkte in einem dem Zirkel sehr nahe kommenden Kreise (desgleichen dem Kreis ist, den der Mond um die Erde beschreibet) beweget, man durch die Bewegung seiner apsidium bestimmen könne, in welchem Verhältnis die Kraft, wodurch er seinen Kreis durchläufet, in ihm wirke."[31]

Die detaillierte Auseinandersetzung mit den *Principia* wird sie später zu dem gewaltigen Vorhaben bringen, das Werk aus dem Lateinischen ins Französische zu übersetzen. Obwohl es sich bei den

---

28 Ebd., S. 142.
29 Ebd., S. 239ff.
30 Ebd., S. 273ff.
31 Ebd., S. 314.

Institutions de physique vor allem um eine Einführung in die Naturphilosophie handelt, diskutiert sie dort bereits die wichtigen wissenschaftlichen Auseinandersetzungen der Zeit wie die Frage um die Abflachung der Erde an den beiden Polen: „Hugen (Huygen) und Newton legeten beyde den Versuch des Herrn Richer, welche verschiedene folgende Versuche bestätiget hatten, und die Theorie der virium centrifugarum (Zentrifugalktraft), deren Erfinder Newton war, zum Grunde, und schlossen, die Erde müsste ein gegen die Pole plattes spheroides seyn, obgleich diese beyden Philosophen unterschiedene Gesetze der Schwere angenommen hatten.“[32]

Die Entstehungszeit des Werks kann auf die Jahre 1735 bis 1739 datiert werden. Bereits 1738 war das Manuskript fertig für den Druck. Émilie entschied sich zunächst aber gegen die Veröffentlichung und teilte dies im Herbst ihrem Verleger Prault mit. Grund dafür war ihre Lektüre von Christian Wolff, dessen Schriften ihr Friedrich von Preußen über Voltaire zugesandt hatte und die sie im Werk rezipieren wollte. Voltaire selbst schätzte Wolffs Metaphysik nicht und las sie auch nicht gründlich[33]; Émilie dafür umso mehr.

Mithilfe des Wolff-Schülers Samuel König hatte sie sich in das Denken Christian Wolffs eingearbeitet. König war schließlich Auslöser für eine Affäre, die in Paris hohe Wellen schlug und sich unglücklich auf Émilies Publikation auswirkte. Grund dafür war, dass sich der Umgang der beiden miteinander zunehmend verschlechterte – jeder fühlte sich vom anderen wie ein Lakai behandelt. Vermutlich ging es um eine Geldfrage, vielleicht mangelte es aber beiden auch an Humor und gegenseitigem Verständnis. Im November 1739 schließlich entließ sie König aus Cirey.[34] Dieser

32 Ebd., S. 333.

33 Prunea-Bretonnet: Émilie, Friedrich der Große und die „Leibniz-Wolff'sche“ Metaphysik, in: Hagengruber/Hecht (Hrsg.): Émilie Du Châtelet und die deutsche Aufklärung, S. 301f.

34 Châtelet: Foundation of Physics, in: Zinsser: Selected Philosophical and Scientific Writings, S. 107, siehe auch Badinter: Émilie, S. 310ff.

verbreitete daraufhin in ganz Paris das Gerücht, dass die Marquise in den ersten Kapiteln der *Institutions de physique* seine Unterrichtsschriften plagiiert hätte.[35] In einem Brief an Bernoulli vom 30. Juni 1740 drückte sich der große Unmut Émilies über die Affäre aus. Sie schrieb dem Freund, wie König der ganzen Welt erzähle, dass sie ein Buch geschrieben habe, das nichts wert sei. Lange habe sie darüber nachgedacht, ob sie die Veröffentlichung nicht zurückziehen solle. Davon abgebracht habe sie schließlich die Überlegung, dass der Rückzug nach all dem Trubel mehr Schwierigkeiten auslösen werde, als sie jetzt schon habe.[36] Voltaire stand Émilie in dieser Affäre bei. Gegenüber Bernoulli versicherte er, dass jeder andere als König sich gegenüber der Marquise angesichts ihrer Wohltaten respektvoll gezeigt hätte. Nicht nur habe sie seinen Bruder wie einen Sohn des Hauses in Cirey behandelt, auch habe sie für die Unterkunft für ihn und seinen Bruder in Paris gesorgt.[37]

Warum war der Marquise die Wolff'sche Philosophie so wichtig? Zentrale Ideen der Philosophie Leibniz' waren nur indirekt über die Schriften von Christian Wolff zugänglich.[38] Wolff zählte zwischen 1725 und 1750 zu den meistgelesenen deutschen Philosophen und war unter ihnen einer der ersten, der in seiner Muttersprache publizierte. Zu seinen wichtigsten Werken zählen die Lehrwerke *Vernüfftige Gedancken von den Kräften des menschlichen Verstandes* aus dem Jahr

35 König hatte für seine Schülerin Auszüge aus Wolffs Werken in französischer Übersetzung verfasst. Ein endgültiges Urteil zu den Beschuldigungen Königs ist aufgrund der lückenhaften Überlieferungsgeschichte und der verschiedenen Editionen nicht möglich. Andrea Reichenberger: Émilie du Châtelets Institutions physiques: Über die Rolle von Prinzipien und Hypothesen in der Physik (Frauen in Philosophie und Wissenschaft. Women Philosophers). Wiesbaden 2016, S. 16 und 63.

36 Besterman, Bd. 2, S. 18, siehe auch Badinter: Émilie, S. 314f., Correspondance d'Émilie Du Châtelet, Kölving/Brown, Lettre 293, Bd. 1, S. 585f.

37 Voltaire an Johann Bernoulli, Brüssel, 30.1.1740, Voltaire, Correspondence, Vol. X, Brief 2033, S. 32.

38 Reichenberger: Institutions physiques, S. 17.

1713 und *Vernünftige Gedanken von Gott, der Welt, und der Seele des Menschen, auch allen Dingen überhaupt*, das 1720 erschien. Dieses Werk wurde vom sächsischen Gesandten Ulrich Friedrich von Suhm ins Französische übersetzt. Einen Auszug davon überbrachte Dietrich Freiherr von Keyserlingk im Auftrag des preußischen Kronprinzen Friedrich im Sommer 1737 nach Cirey. Der Leutnant in preußischen Diensten, auch unter dem Namen Caesarion bekannt, war einer der engsten Vertrauten von Friedrich und Vetter des ersten und zweiten Ehegatten der mit Immanuel Kant in gegenseitiger Verehrung stehenden Caroline von Keyserlingk.[39]

Für Émilie prägend waren zudem die allerdings noch auf Latein verfasste Abhandlung *Opus metaphysicum* und Wolffs mathematische Lehrbücher. Sie übernahm sein metaphysisches Ordnungsprinzip, das von den ersten Prinzipien über die Begriffe zu Gott und der Welt führt. Entsprechend sind die *Institutions de physique* gegliedert. Weiterhin finden sich Spuren aus der philosophischen Systematik von Wolffs *Metaphysik und Ontologie*, insbesondere aus den Kapiteln 2 und 6.[40]

Methodisch setzten sich die *Institutions de physique* insbesondere von anderen zeitgenössischen populären Darstellungen ab. Ihrem Inspirator Christian Wolff folgend, wandte sie die Mathematik an, konkret die Geometrie, als Basis in Form und Argumentation. Die Geometrie spielte eine große Rolle für die Erkenntnis und die wissenschaftliche Darstellung der Marquise. Die Verwendung von Geometrie geht auf eine Tradition des 17. Jahrhunderts zurück, die „More geometrico". Dabei handelt es sich um eine Art des deduktiven Argumentierens in naturphilosophischen Lehrbüchern. Aus ersten Prinzipien, Axiomen und Definitionen werden allgemeine Aussagen abgeleitet und entsprechend bewiesen.[41]

---

39 Andrea Reichenberger: Die Rolle der Familie Keyserlingk und des Gottsched-Kreises, in: Hagengruber/Hecht (Hrsg.): Émilie Du Châtelet und die deutsche Aufklärung, S. 245–271, hier: S. 262.

40 Böttcher: Lernen, S. 251.

41 Ebd., S. 259 und 263.

Émilie du Châtelet war davon überzeugt, dass die neue Physik ein metaphysisches Fundament brauche, um ihre Universalität und Verständlichkeit untermauern zu können. Newtons Ansatz reichte nach ihrem Verständnis nicht dafür aus. Die deutsche Aufklärungsmetaphysik faszinierte sie daher mehr und mehr, trotz des Widerstandes gegen dieses Denken vonseiten Voltaires und Maupertuis'. Wolffs Philosophie war ihrer Meinung nach nicht nur für die Metaphysik, sondern auch für die neue Wissenschaft notwendig.[42]

In den Rezensionen zu den *Institutions de physique* fanden die Plagiatsvorwürfe Königs keinen großen Widerhall. In den beiden angesehenen Wissenschaftsmagazinen, dem *Journal des sçavans* und dem *Mémoire pour l'Histoire des Sciences et des Beaux Arts*, erschienen weitgehend wohlwollende Kritiken, die aber auch nicht außer Acht ließen, dass es sich bei der Autorin um eine Frau handelte.[43] Bedeutende Wissenschaftler ihrer Zeit zeigten ihre Anerkennung in Briefen an die Autorin. Euler lobte die Klarheit und die Leichtigkeit, mit der sie die schwierigen „Dinge der Bewegung“ erkläre.[44] Euler, der wie Émilie 1738 an der Preisfrage der Akademie zum Wesen des Feuers teilgenommen und gewonnen hatte, hatte ihre Arbeit mit großem Interesse gelesen. In einem Brief vom 30. Mai 1744 kommentierte er ihr Buch in voller Länge. Er lobte besonders das Kapitel über die Hypothesen, die für den weiteren Wissenschaftsfortschritt von großer Bedeutung seien.[45] Cideville hob in einem Brief an Voltaire hervor, dass die Autorin nun zum Kreis

42 Prunea-Bretonnet: Émilie, Friedrich der Große und die „Leibniz-Wolff'sche“ Metaphysik, in: Hagengruber/Hecht (Hrsg.): Émilie Du Châtelet und die deutsche Aufklärung, S. 306ff.

43 Böttcher: Lernen, S. 241.

44 Zitiert nach Böttcher: Lernen, S. 242.

45 Andrea Reichenberger: Leibniz'Quantitiy of Force: A Heresy? Émilie du Châtelet's Institutions in the context of the Vis Viva Controversy, in: Hagengruber (Hrsg.): Émilie du Châtelet between Leibniz and Newton, S. 168.

der größten Männer zähle.[46] Auch Voltaire erhob natürlich seine Stimme für Émilie und schrieb an viele Freunde und insbesondere an den Schriftsteller Charles-Jean-François Hénault, dass noch nie zuvor besser über die Philosophie von Leibniz geschrieben worden sei als in dem Buch der Marquise.[47] Besonders lobte er die Klarheit, Präzision und Eleganz ihres Stils.[48] Helvétius gegenüber versicherte Voltaire, dass Leibniz, wenn er noch gelebt hätte, vor Freude sterben würde, wenn er sähe, mit welcher Klarheit, Methode und Eleganz sein System erklärt würde. Die Madame du Châtelet habe eine ehrenvolle Leistung vollbracht, für ihr Geschlecht und für Frankreich.[49] Voltaire trat als veritabler Marketingagent in Sachen der *Institutions de physique* auf, denn er schrieb an viele seiner Freunde und Bekannte. An Cideville berichtete er über die „interessante und einzigartige Veröffentlichung“.[50] Im Kreise von intimeren Freunden zeigte Voltaire sich allerdings auch ironisch: „Sie wird kommen mit ‚zureichendem Grunde‘ und ist umschwärmt von Monaden“, so an Maupertuis am 29. August 1740.[51]

Die Begeisterung für Leibniz führte aber auch zu einer gewissen Distanz zwischen Émilie und Voltaire, da dieser die Theodizee, die Theorie der besten aller möglichen Welten, ablehnte. Ein weiterer Streitpunkt zwischen beiden lag in der Frage, ob Materie zum Denken befähigt ist. Voltaire, von Locke beeinflusst, bejahte dies, Émilie bestritt es. Sie war, durch Descartes beeinflusst, Dualistin und der

46 Cideville an Voltaire, 20. Mai 1740, zitiert nach Badinter: Émilie, S. 319, Voltaire: Correspondence, Vol. X, Brief 2081, S. 117.

47 Voltaire an Charles-Jean-François Hénault, Brüssel, 20.8.1740, Voltaire, Correspondence, Vol. X, Brief 2157, S. 228; siehe auch Badinter: Émilie, S. 316.

48 Voltaire, Mémoires, S. 75.

49 Voltaire an Claude Adrien Helvétius, Brüssel, 7. Jan. 1741, Voltaire, Correspondence, Vol. XI, Brief 2249, S. 4; siehe auch Badinter: Émilie, S. 316.

50 Voltaire an Cideville, Brüssel, 25.4.1740, Voltaire, Correspondence, Vol. X, Brief 2073, S. 95.

51 Zitiert nach Badinter: Émilie, S. 316.

Auffassung, dass nur Wesen mit Bewusstsein, d.h. Seelen mit Verstand und Geist, denken können.[52] Aber trotz aller gegensätzlichen philosophischen Auffassungen verdeutlichte die Publikation einen bemerkenswerten Aspekt in der Beziehung zwischen der Marquise und Voltaire: wechselseitige Toleranz sowie Respekt gegenüber dem anderen.[53]

Eine der größten Wertschätzungen verfasste ihr Freund und früherer Lehrer Maupertuis mit einem im Juni 1740 erschienenen 36-seitigen Artikel im *Mercure de France*. Die Autorin mache dem Jahrhundert Ehre, so lautete die Quintessenz. Besonders schön aus dem Munde des Lehrers klingen die Worte, dass sie niemanden anderes zum Lehrer gehabt habe als ihr eigenes Genie und ihren Eifer, sich selbst zu unterrichten. Es handelt sich hier um ein ernsthaftes und ehrliches Lob, denn niemals hätte sich Maupertuis dem Risiko ausgesetzt, als ein lächerlicher Schmeichler dazustehen. Zwar war auch er kein Anhänger der Leibniz'schen Gedankenwelt, aber er würdigte die *Institutions de physique* als eine große Arbeit, die ohne Präzedenz in Frankreich sei.[54] Noch bevor Euler in seinem Werk *Gedanken von den Elementen der Cörper* in 1746 zeigte, in welcher Weise die Monadologie mit dem Denken und den physikalischen Theorien des 18. Jahrhunderts kompatibel war, hatte Émilie du Châtelet bereits 1740 mit den *Institutions de physique* einen wichtigen Beitrag dazu geleistet.[55] Die Bedeutung des Werks wird auch durch die Tatsache unterstrichen, dass d'Alembert in der 1765 erschienenen *Encyclopédie* wortwörtlich aus den *Institutions de physi-*

52 Véronque le Ru: Quand Voltaire et la Marquise parlent métaphysique, in: Kölving, Ulla/Courcelle, Olivier (Hrsg.): Émilie du Châtelet, S. 213–18, hier S. 213f.; siehe auch Badinter: Émilie, S. 308.

53 Badinter: Émilie, S. 337.

54 Ebd., S. 319f.

55 Hartmut Hecht: In the Spirit of Leibniz – Two approaches from 1742, in: Hagengruber (Hrsg.): Émilie du Châtelet between Leibniz and Newton, S. 61–75, hier S. 61.

que u.a. zum Stichwort „Hypothese" zitierte.[56] Ein großes Verdienst dieser Arbeit der Marquise war, dass mit ihr der erste französischsprachige Text veröffentlicht wurde, der die Metaphysik von Leibniz und Wolff in Frankreich verbreitete.[57] Bereits 1743 erschien eine italienische Übersetzung bei Giovanni Battista Pasquali in Venedig: *Institutioni di fisica die madama la marchesa Du Chastellet indiritte a suo figluolo*. Und im selben Jahr wurde die deutsche Übersetzung von Wolf Balthasar Adolf von Steinwehr bei dem Hallenser Verleger Renger mit dem Titel *Der Frau Marquisinn Du Chastellet, Naturlehre an ihren Sohn* veröffentlicht.[58]

Mit den *Institutions de physique* zeigt die Autorin ihre Freiheit von jeglicher Autorität, da sie sich nicht klar auf eine Seite der Lager stellt, sondern alle drei Denker – Leibniz, Newton und Descartes – gleichermaßen würdigt.[59] Madame du Châtelet und Voltaire können als Beispiel für die große Vielfalt an Zugängen zum wissenschaftlichen Erbe des 17. Jahrhunderts gelten. Während Voltaire Newton verteidigte und Leibniz' Bedeutung relativierte, versuchte die Marquise du Châtelet, ebenso wie Euler, den gemeinsamen Prinzipien von Newton und Leibniz Beachtung zu schenken.[60] Man könnte es auch folgendermaßen ausdrücken: In den *Institu-*

56 Suisky: Émilie Du Châtelet und Leonhard Euler über die Rolle von Hypothesen, in: Hagengruber/Hecht (Hrsg.): Émilie Du Châtelet und die deutsche Aufklärung, S. 158.

57 Böttcher: Lernen, S. 240.

58 Ebd., S. 236f.; siehe auch Hecht: In the Spirit of Leibniz, S. 61. Steinwehr war Herausgeber der Zeitschrift „Neue Zeitungen von Gelehrten Sachen", Professor für Philosophie an der Universität Göttingen und später an der Universität von Frankfurt. Andrea Reichenberger: The Reception of Émilie du Châtelet in the German Enlightenment, in: Ruth Edith Hagengruber (Hrsg.): Époque Émilienne. Philosophy and Science in the Age of Émilie Du Châtelet (1706–1749), S. 129–146, hier S. 130.

59 Vgl. auch Badinter: Émilie, S. 307–309.

60 Reichenberger: Émilie du Châtelets Institutions physiques, S. 19; siehe auch Dieter Suisky: Leonhard Euler und Émilie du Châtelet, in: Ha-

tions liest sie Newton mit der Leibniz-Brille und Leibniz mit der Wolff-Brille.[61] Die *Institutions* veranschaulichen Émilies Willen zu geistiger Unabhängigkeit und wissenschaftlicher Autonomie. Das der Aufklärung so wertvolle Selbstdenken ist für sie zentral: die Notwendigkeit, Urteilskraft zu zeigen, sein Urteil zu schärfen und seiner eigenen Vernunft alle Lehren vorzulegen, unabhängig vom Ansehen eines Autors oder seiner nationalen Zugehörigkeit.[62] Darüber hinaus waren die *Institutions de physique* von einer solch provokativen Sprengkraft, dass das Werk zum Gesprächsthema nicht nur in intellektuellen Kreisen, sondern auch am Hof und in den Salons in ganz Europa avancierte. Aber auch über das 18. Jahrhundert hinaus hat du Châtelet mit ihrer naturphilosophischen Abhandlung ein wertvolles Erbe hinterlassen; denn ihr Entwurf zu einer Architektonik der Erkenntnis bietet ein bis heute tragfähiges Modell wissenschaftlicher Theoriebildung und -begründung.[63]

---

gengruber (Hrsg.): Émilie du Châtelet between Leibniz and Newton, S. 119.

61 Andrea Reichenberger: Leibniz' Quantity of Force: A Heresy? Émilie du Châtelet's Institutions in the context of the Vis Viva Controversy, in: Hagengruber (Hrsg.): Émilie du Châtelet between Leibniz and Newton, S. 157–171, S. 161.

62 Prunea-Bretonnet: Émilie, Friedrich der Große und die „Leibniz-Wolff'sche" Metaphysik, in: Hagengruber/Hecht (Hrsg.): Émilie Du Châtelet und die deutsche Aufklärung, S. 313.

63 Reichenberger: Institutions physiques, S. 9 und 54.

DIE AFFÄRE MAIRAN

Der Erfolg der *Institutions de physique* wurde allerdings eingetrübt durch die verletzende Kritik Mairans gegenüber der Autorin. Er beschrieb die Marquise 1741 in einem Pamphlet als „eine dumme, von Leibniz verfolgte Kokette".[1] Dies sollte eine wahrhaftige Affäre zwischen dem Sekretär der Académie royale des sciences und der Marquise nach sich ziehen. Die Marquise hatte Mairan eine Kopie der *Institutions de physique* geschickt, gerade als sie Paris wieder in Richtung Brüssel verließ. Jean Jacques d'Ortous de Mairan, 1678 in Béziers geboren und 1771 in Paris verstorben, war Geophysiker. Er war seit 1718 Mitglied der Académie royale des sciences, ab 1741 Sekretär, bis 1760 hatte er dort verschiedene Funktionen inne, zuletzt auch die des Direktors. Er war zudem Herausgeber des *Journal des sçavans*, der bedeutenden wissenschaftlichen Zeitschrift der Zeit. Im Jahre 1731 beobachtete er eine nebelartige Erscheinung um einen Stern in der Nähe des Orionnebels. Diese wurde später als M43 bezeichnet.

Mairan nahm insbesondere am letzten Kapitel der *Institutions* Anstoß, in dem die Autorin seine Auffassung zu den forces vives – den lebendigen Kräften –, wie er sie in seiner Dissertation aus dem Jahre 1728 formuliert hatte, kritisierte: „Weil mir dieses Werk das sinnreicheste zu seyn geschienen, das man den lebendigen Kräften jemals entgegensetztet, so will ich einige Stellen daraus wieder-

1 Du Châtelet: Foundations of Physics, in: Zinsser: Selected Philosophical and Scientific Writings, S. 108.

holen und widerlegen."[2] Mairan fühlte sich in seiner Position als Verteidiger Descartes' sowie der französischen philosophischen Tradition angegriffen. Auch sah er sich als Sprecher der Akademie gezwungen, auf diese „Attacke" zu reagieren. Er formulierte seine Gegenantwort in einem öffentlichen Brief, der auf den 18. Februar 1741 datiert ist und Anfang März seine Runde machte. Cirey, wie er schrieb, sei ein Hort der Ideen Leibniz', wo die „lebendigen Kräfte" gleich neben den Monaden thronten. Er unterstellte der Marquise, nichts von Mathematik zu verstehen, ihn falsch zu zitieren und ihre eigenen Worte und Gedanken für seine auszugeben. Du Châtelet ließ diese vehemente und ungerechte Kritik nicht einfach so über sich ergehen und antwortete unverzüglich, in dem sie seine Schrift Paragraph für Paragraph auseinandernahm. Ihre Antwort fiel nicht geringer als 37 Seiten aus. Sie ließ sie in Brüssel am 26. März 1741 drucken und schickte eine Kopie direkt an Mairan, weitere 500 Kopien wurden an Mitglieder der Akademie und der „Republic of letters" verbreitet.[3]

Die Marquise du Châtelet war der Ansicht, dass Mairan zwei wesentliche Fehler in seiner *Dissertation sur l'estimation et la mesure des forces motrices des corps* (1728) gemacht hatte. Zum einen unterschied er nicht zwischen der Quantität der Bewegung und der Quantität der Kraft. Zum anderen verwechselte er beschleunigende Bewegung mit gleichbleibend träger Bewegung.[4] Mairan behandele Leibniz' Ideen in vielen Aspekten mit Missbilligung, sei es hinsichtlich der Kraft oder der Monaden. Leibniz hatte ihrer Auffassung nach mit

---

2 Naturlehre, S. 464ff.

3 Andrea Reichenberger: Die Rolle der Familie Keyserlingk und des Gottsched-Kreises, in: Hagengruber/Hecht (Hrsg.): Émilie Du Châtelet und die deutsche Aufklärung, S. 251; siehe auch Zinsser: Daring Genius, S. 191ff.

4 Andrea Reichenberger: Leibniz' Quantity of Force: A Heresy? Émilie du Châtelet's Institutions in the context of the Vis Viva Controversy, in: Hagengruber (Hrsg.): Émilie du Châtelet between Leibniz and Newton, S. 165.

den lebendigen Kräften eines der größten Geheimnisse der Schöpfung entdeckt.[5] Im Prinzip ging es du Châtelet um die Verteidigung des Leibniz'schen Erhaltungsprinzips: mv^2, entgegen dem cartesischen Erhaltungsprinzip: mv.[6] Mairans Brief und du Châtelets Antwort sind in der zweiten Ausgabe der *Institutions physiques* von 1742 abgedruckt.[7]

Dieser Disput über *Vis viva* bewegte auch die Mitglieder der akademischen Zirkel. Der Streit symbolisiert den Kristallisationspunkt einer Kontroverse zwischen den Gelehrten, die vom Ende des 17. Jahrhunderts bis zur Mitte des 18. Jahrhunderts andauerte. Immanuel Kant beispielsweise kannte die deutsche Übersetzung der *Institutions*, die *Naturlehre*, und diskutierte die Kontroverse mit Mairan in seinem frühen Werk *Gedanken von der wahren Schätzung der lebendigen Kräfte*.[8]

Mairan befürchtete eine Eskalation des Streits zu seinem Nachteil. Er war zu dieser Zeit der Sekretär der Akademie und damit auf dem Höhepunkt seiner Karriere. Öffentlich stellte sich niemand auf die Seite der Marquise, auch nicht Maupertuis oder Bernoulli II., nur in privaten Briefen hielten sie zu ihr. Während dieser Auseinandersetzung waren für Émilie die Wissenschaftlerfreunde von großer Bedeutung. So wandte sie sich am 28. April 1741 an Bernoulli und berichtete ihm von dem Vorfall. An ihn schrieb sie, dass Mairan und ein Abbé Deidier gemeinsam eine Schrift gegen Bernoullis

---

5 Hagengruber (Hrsg.): Émilie du Châtelet between Leibniz and Newton, S. 36.

6 m=Masse, v= Bewegung; Anne-Lise Rey: Der Streit um die lebendigen Kräfte, in: Hagengruber/Hecht (Hrsg.): Émilie Du Châtelet und die deutsche Aufklärung, S. 36f.

7 Diese Ausgabe trägt den Titel *Institutions physiques*; in der deutschen Ausgabe von 1743 ab S. 489ff., die Antwort von du Châtelet hier auf S. 523–563.

8 Suisky: Émilie du Châtelet und Leonhard Euler über die Rolle von Hypothesen, in: Hagengruber/Hecht (Hrsg.): Émilie Du Châtelet und die deutsche Aufklärung S. 99-172, hier S. 125.

Vater und sie selbst verfasst hätten.[9] Auch Voltaire setzte sich vehement für Émilie ein und vermittelte in einigen Briefen zwischen ihr und Mairan.[10] Auch Maupertuis war in dieser Zeit wieder ein wichtiger Vertrauter. Ihm schrieb sie am 29. Mai aus Brüssel, dass sie ihm ihre Antwort an Mairan schicken wolle. Alles, was sie sich wünschte, war, dass sie wieder zu Ehre gelange und dass der Fehler bei Mairan gesehen werde. Sie betonte, wie wichtig es ihr sei, sich gegen die Ungerechtigkeit, die ihr widerfahren sei, zu wehren.[11] Leonard Euler, der sich zu der Zeit in Berlin aufhielt, war ihr ebenfalls ein wichtiger Kollege. Maupertuis bat sie am 26. Juni 1741, ihm die *Institutions* und den Brief an Mairan zu übergeben. Parallel zu dem Brief von Mairan an Émilie war wohl auch eine Broschüre zum Thema „lebendige Kräfte“ erschienen, wie sie meinte, von den Hilfstruppen Mairans, zu denen der Abbé Deidier zählte. Diese Schrift wende sich zur Hälfte gegen sie und zur Hälfte gegen Bernoullis Vater.[12] Wiederum an Bernoulli schrieb sie am 21. August, dass sie entzückt sei, dass dieser sie nicht vergessen habe; sie brannte darauf, zu erfahren, was er von den *Institutions* halte. Sie gestand, dass ihr bewusst sei, dass er den „Leibnizismus“ nicht gerade schätze, aber immerhin schreibe sie ja auch über die Gravitation. Sie zeigte sich verärgert, dass Bernoulli die Schrift von Deidier noch nicht gelesen hatte.[13]

Nachdem sich die heftigsten Wogen geglättet hatten, dachte sie im August über das Angebot des Frankfurter Buchhändlers Franz

9 Besterman, Bd. 2, S. 48f., Nr. 268; Correspondance d’Émilie Du Châtelet, Kölving/Brown, Lettre 339, Bd. 2, S. 22f.

10 Voltaire, Correspondence, Vol. XI, Briefe von Mairan an Voltaire und umgekehrt.

11 Besterman, Bd. 2, S. 56, Nr. 272; Correspondance d’Émilie Du Châtelet, Kölving/Brown, Lettre 347, Bd. 2, S. 40f.

12 Besterman, Bd. 2, S. 62, Nr. 273; Correspondance d’Émilie Du Châtelet, Kölving/Brown, Lettre 351, Bd. 2, S. 49.

13 Besterman, Bd. 2, S. 67f., Nr. 277; Correspondance d’Émilie Du Châtelet, Kölving/Brown, Lettre 358, Bd. 2, S. 59.

Varrentrapp nach, den Disput mit Mairan zu veröffentlichen. Die Journale schwiegen über diese Affäre. Mairan schien das nicht unrecht zu sein, wie Émilie gegenüber Maupertuis meinte, denn es sei leichter, die Presse zum Schweigen anzuhalten, als dass sie zu seinen Gunsten berichteten. Die Affäre Mairan war für sie schließlich ein Beweis, wie trügerisch Ansehen und Ruhm sein konnten.[14]

In diesem bewegten Jahr der Veröffentlichung der *Institutions de physique* waren die Freunde und Kollegen besonders wichtig für Émilie. Sie suchte immer wieder den Kontakt zu ihnen und bat den einen oder anderen, nach Cirey zu kommen. So lud sie Bernoulli am 11. Januar 1740 und erneut am Jahresende im Dezember desselben Jahres nach Cirey ein.[15] Gegenüber dem Duc de Richelieu beteuerte sie am 24. Dezember aus Brüssel, dass seine Freundschaft der einzige Trost sei, der ihr bleibe.[16] Im Herbst/Winter 1741 schienen die Pläne für eine deutsche Übersetzung der *Institutions* konkreter zu werden, wie sie Christian Wolff ankündigte, und auch an Bernoulli schrieb sie am 7. Dezember, dass die deutsche Übersetzung bald zu erwarten sei, ergänzt um den Disput mit Mairan.[17]

---

14 An Maupertuis, Brüssel, 8. August 1741, Besterman, Bd. 2, S. 62f., Nr. 274; Correspondance d'Émilie Du Châtelet, Kölving/Brown, Lettre 354, Bd. 2, S. 51f.

15 Besterman, Bd. 2, S. 7, Brief 232 und S. 35, Brief 255; Correspondance d'Émilie Du Châtelet, Kölving/Brown, Lettre 279, Bd. 1, S. 568.

16 Besterman, Bd. 2, S. 37f., Brief 258.

17 Besterman, Bd. 2, S. 73 und 82, Nr. 281 und 287.

WECHSELWIRKUNGEN MIT DER DEUTSCHEN AUFKLÄRUNG

Das erste wichtige Werk Émilie du Châtelets, die *Institutions de physique* zeigt nicht nur die große Bedeutung der Autorin für die wissenschaftliche Community in Frankreich, sondern auch international und insbesondere für die Philosophie in Deutschland. Denn das Werk ist eine Einführung in die deutsche Philosophie, insbesondere in die Gedankenwelt von Leibniz. Es wurde daher auch stark in Deutschland rezipiert und du Châtelet war als herausragende Interpretin der Leibniz'schen Philosophie geachtet.

Eine Advokatin der Marquise in Deutschland war Luise Adelgunde Victorie Gottsched, die 1741, unmittelbar nach seinem Erscheinen, den Disput mit Mairan über die forces vives übersetzte.[1] Louise Gottsched zählte mit ihrem Mann Johann Christoph zu den Leipziger Alethophilen. Diese Aufklärungsgesellschaft hatte in den 30er Jahren des 18. Jahrhunderts einen großen geistigen und politischen Einfluss in Brandenburg-Preußen. Ihre Mitglieder waren vor allem Mitglieder des Hofes und Hugenotten. Neben dem protestantischen Pfarrer und Wolff-Schüler Jean Deschamps war die „Gottschedin" eine zentrale Figur in der Rezeption der *Institutions* in Deutschland. Die Wolffianerin war Verfasserin von Gedichten und

---

1 Ruth Hagengruber: Émilie Du Châtelet zwischen Leibniz und Kant, in: Hagengruber/Hecht (Hrsg.): Émilie Du Châtelet und die deutsche Aufklärung, S. 173–195, hier S. 174.

Dramen, kannte die Werke Émilies und hatte selbst an die Übersetzung der *Institutions* gedacht. Sie übersetzte dann aber nur den Briefwechsel zwischen du Châtelet und Mairan ins Deutsche.[2]

Émilie du Châtelet kann hinsichtlich der Verbreitung der Leibniz-Wolff'schen Metaphysik in Frankreich als eine Vorreiterin gelten. Bereits vor Veröffentlichung der *Institutions de physique* wurde Christian Wolff auf die Arbeit der Marquise aufmerksam. Am 7. Juni 1739 schrieb er an Ernst Christoph Graf von Manteuffel, seinem Freund und Mäzen, über mathematische und physikalische Studien der Marquise. In diesem Brief äußerte er zudem den Wunsch, Émilie und Voltaire kennen zu lernen und sie zum „Instrument seiner Philosophie" zu machen.[3] Seitdem standen sie in Kontakt und tauschten sich über ihre wissenschaftlichen Werke aus.[4] Es ist von einem sich über mehrere Jahre erstreckenden Briefwechsel zwischen Wolff und der Marquise auszugehen, wenn auch nur zwei Briefe überliefert sind (aus den Jahren 1741, 1744).[5] Christian Wolff verfolgte mit großem Interesse die Arbeit der Marquise du Châtelet. Er setzte große Hoffnungen auf ihre philosophischen Schriften und die Verbreitung seiner Philosophie in Frankreich. In seinen Briefen bezeichnete er sie als seinen „Apostel bei den Frantzosen". Er hielt sie sogar für fähig, ihre Landsleute vom englischen Geist, der seiner Ansicht nach von Deismus, Materialismus und Skeptizismus gezeichnet war, zu befreien.[6] Wenige Jahre später allerdings schie-

2 Frauke Böttcher: Reaktion der Wolffianer in Deutschland auf die *Institutions physiques*, in: Hagengruber/Hecht (Hrsg.): Émilie Du Châtelet und die deutsche Aufklärung, S. 273–294, hier S. 282ff.

3 Ebd., S. 274; ausführlich zum Briefwechsel Wolff/Manteuffel: Hans-Peter Neumann: Émilie du Châtelet within the Correspondence between Christian Wolff and Ernst Christoph of Manteuffel, in: Hagengruber (Hrsg.): Époque Émilienne, S. 147–174.

4 Böttcher: Die Reaktion der Wolffianer in Deutschland auf die *Institutions physiques*, in: Hagengruber/Hecht (Hrsg.): Émilie Du Châtelet und die deutsche Aufklärung, S. 275.

5 Hagengruber: Émilie du Châtelet zwischen Leibniz und Kant, S. 175.

6 Briefe von Wolff an Manteuffel vom 6. Januar und 7. Mai 1741, zitiert

nen seine Hoffnungen enttäuscht zu werden, denn er sah sie von den Newtonianern Maupertuis und Clairaut vereinnahmt. Wolff beklagte zudem, dass er sie nicht bei den Gedanken habe halten können, auf die König sie gebracht habe und dem das meiste ihren *Institutions de physique* zuzuschreiben sei.[7] Er stellte sich in der Plagiatsaffäre also auf die Seite Samuel Königs.

Wie bereits im vorangegangenen Kapitel zu den *Institutions de physique* dargestellt, zeigt sich auch inhaltlich eine große Nähe der Autorin zu Christian Wolff. Erkenntniskritische Überlegungen beispielsweise, die die Marquise als Grundlage ihrer *Naturlehre*, wie sie verkürzt in der deutschen Übersetzung heißt, voraussetzte, basierten auf Prinzipien, die „Wolff zum deduktionistischen Dogma erhoben hatte": dem Satz vom Widerspruch, dem Satz vom zureichenden Grunde und dem Prinzip der Kontinuität.[8] Die Marquise verwendete die Prinzipien des Satzes der Identität, des zureichenden Grundes und der Kontinuität, um die Verschiedenheit der Gegenstände im Raum zu bestimmen.[9]

Neben Christian Wolff war es Immanuel Kant, der sich eingehend mit du Châtelets *Naturlehre* beschäftigte und diese mehrfach in

---

nach Tinca Prunea-Bretonnet: Émilie, Friedrich der Große und die „Leibniz-Wolff'sche" Metaphysik, in: Hagengruber/Hecht (Hrsg.): Émilie Du Châtelet und die deutsche Aufklärung, S. 295f.

7 Wolff an Manteuffel, 18. Juni 1743, siehe Frauke Böttcher: Die Reaktion der Wolffianer in Deutschland auf die *Institutions physiques*, in: Hagengruber/Hecht (Hrsg.): Émilie Du Châtelet und die deutsche Aufklärung, S. 278.

8 Ruth Hagengruber: Émilie du Châtelet zwischen Leibniz und Kant, S. 178.

9 „Es sind diese Prinzipien, die erklären, weshalb a) das Unterschiedene in einer Einheit gedacht werden muss, wenn es als Verschiedenes gedacht werden soll; b) etwas als Bestimmtes erfasst wird, wenn es sich in einer Hinsicht unterscheidet, das Identische also in den Raum setzt und c) aus diesen Prinzipien geleitet das Prinzip der Kontinuität realisiert wird." Ruth Hagengruber: Émilie du Châtelet zwischen Leibniz und Kant, S. 189.

einem seiner Werke der vorkritischen Zeit zitierte. Neben Kant war es auch der Nachfolger auf dem Wolff-Lehrstuhl in Halle, Johann August Eberhard, der sich auf du Châtelets Arbeiten berief. Dies zeigte sich vor allem in dessen Debatte mit Kant, die für die historische Einordnung und das Selbstverständnis der Transzendentalphilosophie einschlägig war. Eberhard bezog sich 40 Jahre nach du Châtelets Tod auf sie und zog eine Definition aus ihren *Institutions de physique* als Evidenz in der Streitfrage um die Leibniz-Wolff'schen Quellen der Kantischen Transzendentalphilosophie heran.[10] Auch die Debatte zwischen du Châtelet und Mairan war Gegenstand der Kontroverse zwischen Eberhard und Kant. Kant teilte zwar inhaltlich die Auffassung Mairans, rühmte aber den „Vorzug des Verstandes und der Wissenschaft" der Marquise.[11]

In Kants erster, 1747 verfassten Dissertation *Gedanken von der wahren Schätzung der lebendigen Kräfte und Beurtheilung der Beweise, deren sich Herr von Leibniz und andere Mechaniker in dieser Streitsache bedient haben* ... finden sich zahlreiche Verweise des großen deutschen Philosophen auf die französische Naturphilosophin.[12] Kant äußerte hohe Wertschätzung für die wissenschaftliche und philosophische Kompetenz der Französin und nannte sie „unsere Philosophin". Sie stand für Kant weit über ihren Geschlechtsgenossinnen und auch manchen seiner männlichen Kollegen: „[...] der Vorzug des Verstandes und der Wissenschaft, an derjenigen Person, von der ich rede, der sie über alle übrige ihres Geschlechtes, und auch über einen großen Teil des anderen, hinweg setzet [...]".[13] Kant zählte die

10 Ruth Hagengruber: Émilie Du Châtelet zwischen Leibniz und Kant, in: Hagengruber/Hecht (Hrsg.): Émilie Du Châtelet und die deutsche Aufklärung, S. 173–195, hier S. 173.

11 Ruth Hagengruber: Émilie du Châtelet zwischen Leibniz und Kant, S. 175.

12 Immanuel Kant: Vorkritische Schriften bis 1768, hrsg. von Wilhelm Weischedel. Frankfurt am Main 1968.

13 Immanuel Kant: Vorkritische Schriften, S. 162; siehe auch Ursula Winter: „Metaphysik der Natur" und „würkende Kräfte", in: Hagengru-

Marquise zu den führenden Vertretern der Leibniz'schen Theorie neben anderen Philosophen der Zeit wie Wolff, den Naturforscher Musschenbroek und den Mathematiker Johann Bernoulli.

Zahlreiche Textbezüge Kants in der *Wahren Schätzung der lebendigen Kräfte* beweisen dessen intensive Kenntnis der Schriften du Châtelets. Obwohl sie den gegnerischen Standpunkt in der Kontroverse um die lebendigen Kräfte vertrat, beurteilte er ihre Argumentationen als überzeugend.[14] Auch gestand er ein, dass er lange Zeit die ihrem Standpunkt zugeordneten mathematischen Demonstrationen für schlüssig gehalten habe. Du Châtelets *Naturlehre* wurde von Kant nicht nur mehrfach in wörtlichen Zitaten herangezogen, auch ihre „Anführungen" in der *Naturlehre* hatte er gelesen und überprüft.[15]

Die zahlreichen Verweise und wörtlichen Zitate Kants aus du Châtelets *Naturlehre* in der *Wahren Schätzung der lebendigen Kräfte* demonstrieren, wie intensiv Kant sich mit den Schriften der Marquise und mit jedem einzelnen ihrer Argumente auseinandergesetzt hat. Auch schätzte er ihre Rolle in der Kontroverse mit Mairan als grundlegend ein.[16] Im dritten Hauptstück der *Wahren Schätzung der lebendigen Kräfte* anerkannte er die in der *Naturlehre* verteidigten „lebendigen Kräfte" nunmehr im Bereich der Natur als „würkende Kräfte".[17] Kant definierte die Grundprinzipien von lebendigen und „würkenden" Kräften in der Natur mit den gleichen Begriffen wie die Marquise – durch die innewohnende Kraft der Elemente, die Bestrebung zu Bewegung und Veränderung aufgrund ihres inhärenten Aktivitätspotenzials.[18]

ber/Hecht (Hrsg.): Émilie Du Châtelet und die deutsche Aufklärung, S. 199–244, S. 201.

14 Immanuel Kant: Vorkritische Schriften, S. 57, 69f.

15 Zitiert nach Ursula Winter: „Metaphysik der Natur" und „würkende Kräfte", in: Hagengruber/Hecht (Hrsg.): Émilie Du Châtelet und die deutsche Aufklärung, S. 201f.

16 Ebd., S. 204.

17 Ebd., S. 210.

18 Kant, Monadologica physica, S. 523, zitiert nach Ursula Winter: „Metaphysik der Natur" und „würkende Kräfte", S. 212.

DISTANZIERUNG VON MAUPERTUIS

Die Affäre um Samuel König und die *Institutions de physique* zog weitere Konsequenzen nach sich, insbesondere was die Beziehung der Marquise zu Maupertuis betraf, die sich seither verschlechtert hatte. Am 2. August schrieb Émilie an Bernoulli aus Brüssel, dass sie kaum noch mit Maupertuis in Kontakt sei. Sie könne ihm nicht verzeihen, dass er Bernoullis Besuch in Cirey verhindert habe. Voltaire sei dagegen in lebhaftem Kontakt mit ihm, vor allem im Austausch über Preußen.[1] Grund der Distanz zwischen Émilie und Maupertuis war die Affäre um Samuel König, der anstelle von Bernoulli als Émilies Lehrer nach Cirey gekommen war. Sie warf Maupertuis vor, gegen sie intrigiert und Bernoulli schließlich von seinem Kommen abgehalten zu haben. Sie lud diesen erneut im Januar 1740 ein, Bernoulli sagte wiederum kurzfristig ab. Die Enttäuschte schrieb schließlich Bernoulli am 1. Februar, dass sie wisse, wer dahinterstecke. Tatsächlich hatte Maupertuis Bernoulli vom Besuch in Cirey abgeraten[2] und warnte ihn am 27. März in einem Brief, dass es gefährlich sei, mit der Marquise du Châtelet zu verkehren. Maupertuis schaffte es zwar, Bernoulli von seinen Rei-

1 Besterman, Bd. 2, S. 22, Nr. 243; Correspondance d'Émilie Du Châtelet, Kölving/Brown, Lettre 295, Bd. 1, S. 590.

2 Voltaire Correspondence, 12.1.1740; Correspondance d'Émilie Du Châtelet, Kölving/Brown, Lettre 279 und 280, Bd. 1, S. 568f.

seplänen abzuhalten, dieser blieb Émilie dennoch freundschaftlich verbunden.[3]

Maupertuis stellte sich dann auch noch ganz auf die Seite Samuel Königs, was die Marquise als einen weiteren Affront empfand.[4] Sie gab jedoch die Hoffnung auf Maupertuis' Freundschaft nicht auf. Am 21. August 1740 wandte sie sich erneut an ihn und beteuerte, wie sehr sie sich ihm freundschaftlich verbunden fühle und wie sehr sie seine Gegengefühle brauche. Niemand schätze ihn so sehr und bringe ihm eine so unverletzliche und zärtliche Freundschaft entgegen wie sie.[5]

Sie ließ nicht locker und bat Maupertuis immer wieder um seine Meinung zu den *Institutions de physique* und zu König. Am 12. September schrieb sie an Maupertuis, dass sie ihr Buch an Friedrich geschickt habe. Maupertuis würde ihr eine Freude machen, wenn auch er ihr Buch lese. Es interessierte sie, ob er ihr Vorwort und insbesondere die Ausführungen zu König gelesen habe.[6] Ungeduldig fragte sie wiederum am 9. Oktober, ob Maupertuis ihr Buch gelesen habe und was er darüber denke. Sie hielt sich gerade für acht Tage in Fontainebleau auf.[7] Am 22. Oktober schrieb sie dann von dort an Maupertuis in die Akademie der Wissenschaft in Berlin, dass sie nach dem Aufenthalt in Fontainebleau für drei oder vier Wochen in Paris sein werde, um wieder wegen der Erbschaft in die „Sümpfe von Brüssel" zurückzukehren.[8]

---

3 Ruth Hagengruber: Émilie du Châtelet an Maupertuis. Eine Metaphysik in Briefen, in: Hartmut Hecht (Hrsg.): Pierre Louis Moreau de Maupertuis. Eine Bilanz nach 300 Jahren. Berlin 1999, S. 187–206, hier S. 192–194.

4 Vgl. auch Hagengruber: Émilie du Châtelet an Maupertuis, S. 195, zitiert aus Briefen vom 21.8. und 22.10.1740 sowie 22.3.1741.

5 Besterman, Bd. 2, S. 26, Nr. 246.

6 Besterman, Bd. 2, S. 29, Nr. 249; Correspondance d'Émilie Du Châtelet, Kölving/Brown, Lettre 304, Bd. 1, S. 599f.

7 Besterman, Bd. 2, S. 30, Nr. 250; Correspondance d'Émilie Du Châtelet, Kölving/Brown, Lettre 306, Bd. 1, S. 602.

8 Besterman, Bd. 2, S. 32, Nr. 252; Correspondance d'Émilie Du Châte-

Aufgrund der Affäre um Samuel König hatte die langjährige Beziehung zwischen der Marquise und Maupertuis einen harten Bruch erlitten. Ihre Briefe an den einstigen Lehrer und Freund zeigen eine Hartnäckigkeit, aber immer wieder auch die starke Einforderung der Freundschaft, ähnlich wie es aus den späteren Briefen an Saint-Lambert deutlich wird. Voltaire versuchte zwischen beiden zu vermitteln. Er schrieb an Maupertuis im Juli aus Le Haye, dass er voller Gram sei beim Anblick der Kälte, die zwischen beiden herrsche. Die Marquise sei die einzige Frau, die seine Art zu denken verstehe und seine Meriten verdiene. „Sie beide sind dazu geschaffen, sich zu lieben. Schreiben Sie ihr!“[9] Gegenüber Charles-Jean-François Hénault beschrieb Voltaire die beiden wie zwei Sterne, die sich nicht treffen können, ohne sich anzuziehen.[10]

let, Kölving/Brown, Lettre 309, Bd. 1, S. 606.

9 Voltaire an Maupertuis, Haye, 12. Juli 1740, Voltaire, Correspondence, Vol. X, Brief 2139, S. 203, siehe auch Voltaire, Correspondence, Vol. X, Brief 2157, S. 227.

10 Voltaire an Charles-Jean-François Hénault, Brüssel, 20. August 1740: „Ce sont deux astres (pour parler le language neutonien) qui ne peuvent se rencontrer sans s'attirer.“ (Voltaire, Correspondence, Vol. X, Brief 2157, S. 227)

HÖFISCHE LEBEN

Auch das höfische Leben nahm Émilie immer wieder in die Pflicht, beispielsweise im Oktober 1740 in Fontainebleau, wo sie vom Marquis du Châtelet begleitet wurde. Ihr Mann war es auch, der die Beziehungen zum Herzog von Lothringen, zu Stanislas, König von Polen und Schwiegervater von Ludwig XV., aufbaute und pflegte, die später auch für Émilie von großer Bedeutung werden sollten. Anlässe für die Reisen nach Versailles oder Fontainebleau gab es viele, insbesondere aber auch die Rückkehr des Königs von einer siegreichen militärischen Schlacht. Dann füllten sich Park und Schloss mit bis zu 2000 Höflingen, die die Zeremonien mit Feuerwerken und diversen Schauspielen genossen. Diese Besuche am Hof waren wichtig, um die bestehenden Privilegien weiterhin zu behaupten. Émilie war durch die Position ihres Vaters in Versailles Angehörige der anerkanntesten Familien, und darüber hinaus über die Familie du Châtelet, die zu den vier bedeutenden Familien Lothringens zählte, fest in der höfischen Gesellschaft verankert. Ihr Cousin, François-Victor Le Tonnelier de Breteuil (1686–1743), Träger des Familientitels, war zweimal Kriegsminister unter Ludwig XV. Sein hoher Rang ist auch über die Tatsache dokumentiert, dass er über seine Ministerzeit hinweg mehrere Appartements in Versailles bewohnte, die von ansehnlicher Größe mit bis zu zwölf Zimmern waren und überwiegend im Ministerflügel lagen. Neben ihrem Ehemann, der eine eigene Kompanie unterhielt, dienten die Söhne aus verschiedenen Zweigen der du Châtelets ebenfalls in der königlichen Armee, ein Cousin von Florent Claude, François-Bernardin, war Königlicher Feldmarschall und Gouverneur des Château de Vincennes. Er war verheiratet mit Catherine Armande de Vignerot du Plessis de Richelieu, seine Tochter wurde im April 1744 vom König zur Kammerfrau der Dauphine berufen.[1]

Die privilegierte Stellung der Marquise du Châtelet am Hofe nutzte in vielerlei Hinsicht auch der Karriere Voltaires. Dieser machte sich Hoffnungen auf einen der begehrten Plätze in der Académie française. Die dem religionskritischen Dichter nicht gerade freundlich gesonnene religiöse Königin Maria Leszczyńska sollte für Voltaire eingenommen werden, und so verbrachte Émilie nicht wenige Abende in den Salons der Duchesse de Luynes, der Oberhofmeisterin, die im südlichen Flügel des Versailler Schlosses lagen. Dort weilte auch die Königin des Öfteren, und man hoffte, dass sie ihre Meinung gegenüber Voltaire besänftigte. Auch der frühere Freund Moncrif, der mittlerweile Vorleser der Königin war, sollte behilflich sein. Der Erfolg ließ allerdings noch ein paar Jahre auf sich warten.

Die Besonderheit am Versailler Hof war, dass die Höflinge dort ihren Lebensmittelpunkt hatten. Neben ihren Schlössern auf dem Land oder in Paris hatten hochgestellte Höflinge eine Wohnung im Schloss von Versailles. Aber das alltägliche Leben dort war nicht immer so glanzvoll, wie man es vermuten würde. Wer im höfischen Dienst stand, hatte zwar Anspruch auf eine Wohnung, die aber mitunter sehr bescheiden sein konnte. Die Glücklicheren wohnten im Schloss selbst, andere wurden in königlichen Gebäuden in der Stadt von Versailles untergebracht.

Da die Situation der Appartements im Schloss nicht immer die erwarteten Ansprüche erfüllte, war die Hauptsorge eines jeden Höflings, eine seinem Rang, seinen Ämtern, seiner Familie und seinen Bedürfnissen passende Wohnung zu erhalten, die im Wesentlichen der jeweiligen Stellung am Hof entsprach. Die meisten Unterkünfte

---

1 Zinsser: Daring Genius, S. 216ff. und 219f.

Abb. 7: Blick auf das Schloss von Versailles vom Park aus

der hohen Dienerschaft befanden sich im Gebäudeflügel des so genannten Grand Commun. Hochrangige Höflinge wie der Gartenbaumeister Le Nôtre oder Finanzminister Colbert bewohnten hier geräumige Appartements in der ersten Etage. Neben großen Privatappartements gab es dort auch Gemeinschaftswohnungen, in denen Beamte, die dieselbe Funktion innehatten, jeweils über ein eigenes Zimmer verfügten, sich aber ein Vorzimmer und einen Aufenthaltsraum teilen mussten. Weniger komfortabel waren die Unterkünfte unter dem stark geneigten Giebel im Dachgeschoss, wo sich die Türsteher des Königsaals eine Unterkunft mit niedriger Decke teilten.[2] Die zweite Etage war in der Regel den Offizieren und jungen Soldaten vorbehalten. Im Grand Commun wurde der Platz bald rar, die Zahl der Appartements stieg von 103 im Jahre 1684 auf 220 Appartements in 1722 und verdoppelte sich damit innerhalb von knapp vier Jahrzehnten. Zur Zeit Ludwig XV. lebten 1.500 Personen allein im Grand Commun.

2 Ausführlich zum Alltag in Versailles schreibt William Ritchey Newton: Hinter den Fassaden von Versailles. Mätressen, Flöhe und Intrigen am Hof des Sonnenkönigs, Berlin [5]2017, S. 13ff.

Die Appartements waren zuweilen in schlechtem Zustand. Denn durch den ständigen Mieterwechsel litten die Wohnungen. Reparaturarbeiten mussten oft lange auf sich warten. Die eigentlichen Dienstwohnungen waren knapp und den Inhabern der wichtigsten Ämter vorbehalten. Die vier Staatssekretäre verfügten sogar über Häuser, die zum Teil in den beiden Flügeln am Rande des großen Vorhofes, dem sogenannten Ministerhof, lagen. So bewohnte beispielsweise der Garde des sceaux, der Siegelbewahrer - eine Art Justizminister -, wenn er sich in Versailles aufhielt, ein Stadtpalais, in dem heute das Konservatorium untergebracht ist. Ein Appartement in Versailles zu halten, war ein hohes und begehrtes Privileg. Jedes Mal, wenn eine Wohnung frei wurde, setzten die Kandidaten alle Hebel in Bewegung, um den Zuschlag zu erhalten. Dazu zählten königliche Gunst, familiäre Beziehungen, Freundschaften sowie Bittgesuche und Briefe an die jeweiligen Stellen. Als der Marschall de Biron 1747 seine Wohnung verließ, bewarben sich beim Comte de Noailles, dem Hofbaumeister,[3] allein elf Höflinge darum. Als wichtiger Trumpf galten der Rang eines Bewerbers sowie seine Stellung am Hof. Bevorzugt waren hohe Beamte; auch die Art des Amtes und die Nähe zum König spielten eine große Rolle.[4]

Wenn man am Hof von Versailles lebte, bedeutete dies nicht, dass man automatisch zu den Mahlzeiten beim König eingeladen war, ganz im Gegenteil: Die meisten Höflinge waren ständig auf der Suche nach einem freien Platz an einer Tafel bei jemandem, der das Recht hatte, Gäste einzuladen. Deswegen waren die meisten Bewohner in Versailles ständig bestrebt, eine Einladung zu erhalten. Zwar waren sämtliche Höflinge im Prinzip Gäste des Königs, aber nur einige Beamte waren seine Tischgenossen. Hochrangigen

---

3 Gouverneur von Schloss und Stadt, Philippe de Noailles, Comte de Noailles und Prinz de Poix, Duc de Mouchy und Duc de Poix à brevêt (geboren am 27. Dezember 1715 in Paris, gestorben am 27. Juni 1794 in Paris).

4 Newton: Hinter den Fassaden von Versailles, S. 22ff.

Beamten war es erlaubt, eine offene Tafel für Besucher und Freunde zu unterhalten. So hielten beispielsweise zwei Beamte der Krone, der Großkämmerer und der Großhaushofmeister, eine sogenannte *table d'honneur*, wenn der König in Versailles war. Dabei handelte es sich um eine eigene Gästetafel mit Bediensteten und bis zu 22 Gästeplätzen. Da die wenigsten Appartements mit Küchen ausgestattet waren, waren die Einladungen beliebt, damit man überhaupt etwas zu essen bekam. Erst ab den 1740er Jahren wurden mehr und mehr Küchen in die Appartements eingebaut.[5]

Wenn man das Glück hatte, an den Tafeln teilzunehmen, sei es beim Souper oder beim Diner, dann musste man alles andere als hungern. Denn diese Mahlzeiten fielen in der Regel äußerst üppig aus. Die Hauptspeisen wurden gleichzeitig serviert und waren dekorativ symmetrisch angeordnet. In der Mitte standen meist die Suppen, daneben oder darum war das Fleisch mit Sauce angeordnet, flankiert von Entrées aus Schinken, Wurst oder Pastete sowie Hors d'oeuvres. Auf die Suppen folgten die Hauptgerichte, Rôti, also Fleisch, Geflügel und Fisch, mit Gemüse als Beilage. Dann folgten Zwischengerichte, z.B. Kalbsbries, Fleischhachée, Pasteten, Eier in jeglicher Form, Spargel oder Pilze, dann Salate mit Obst und zum Schluss die Desserts in Form von Tartes, Kuchen und Kleingebäck.[6]

Während der Herrschaft Ludwigs XV. waren Einladungen in die Petits Appartements des Königs sehr begehrt. Der *Bien-Aimé, Viel Geliebte*, war kein großer Freund öffentlicher Diners, daher ließ er Ende der 1730er Jahre über seinen inneren Kabinetten und in der Nähe des Appartements seiner Mätressen ein regelrechtes kleines Paradies einrichten: eine Küche im Attikageschoss, zwei Speisesäle und einen Salon fürs Kartenspiel. Dadurch entfielen allmählich die Prachtbuffets, was für die zahlreichen niederen Beamten, die zu ihrer Verpflegung nach Auswegen suchten, schmerzhaft zu spüren gewesen sein musste. Insbesondere die Damen der niederen weib-

5 Ebd., S. 40 und 50.
6 Ebd., S. 42f.

lichen Haushalte, wie jene der Mesdames de France, erfuhren teilweise ein noch schlimmeres Schicksal. Da sie über das Jahr hinweg in der Regel nur eine von drei Wochen im Dienst waren, erhielten sie keine Möglichkeit, um sich zu verpflegen, auch keine Entschädigung. Für eine Wohnung mit Küche waren ihre Ämter nicht angesehen genug. Ein weiteres und insbesondere im 18. Jahrhundert zunehmendes Problem war, nicht nur im Schloss von Versailles, die Versorgung mit Trinkwasser.[7]

Der Alltag in Versailles war in vielerlei Hinsicht also nicht so glänzend, wie man gemeinhin vermuten möchte. Auch die Durchlüftung war nicht so gewährleistet, wie wir es heute kennen. Auf den unteren Stockwerken war die Lüftung nur durch den allgemeinen Durchgang gewährleistet, und Voltaire, der in der Nähe logierte, bezeichnete den Ort „als das übelriechendste Scheißloch von ganz Versailles“. Er beklagte sich über die fehlende Tür und forderte, dass man die Abflussrinnen so ausrichten solle, dass die Gräben durch das Regenwasser gereinigt werden.[8] Hinzu kam, dass es nicht genügend Toiletten für die große Menge an Höflingen und Bediensteten gab. Dies führte dazu, dass sich diejenigen, die ein dringendes Bedürfnis verspürten, in den Gängen, auf den Treppen und in den Höfen erleichterten. Manche entleerten ihre Nachttöpfe aus den Fenstern. 1780 wurden im Umkreis des Schlosses sogar 29 Abortgruben gezählt, die eine unerträgliche Belastung waren und deren Entleerung teuer war. Es sollte noch etwas dauern, bis die moderne Klärgrube endlich eine Lösung der Probleme brachte, sie wurde 1788 erstmals eingesetzt. Zu dieser Zeit wurden die Latrinen über dem Pavillon der Surintendance untragbar.[9]

Das 18. Jahrhundert ist zwar als Zeitalter der Aufklärung oder *le siecle de lumière* bekannt, tatsächlich lebten die Menschen aber im Halbdunkel. In den engen Straßen der Städte lagen die Wohnun-

---

7 Ebd., S. 59, 65 und 72.

8 Ebd., S. 88.

9 Ebd., S. 88f., 169 und 176.

gen in den Erdgeschossen und unteren Stockwerken im Dunkeln. Auf dem Land gab es nachts keine Wegbeleuchtung, sodass man in mondlosen Nächten in absoluter Dunkelheit lebte. Öffentliche Beleuchtungen wie Fackeln oder Öllampen waren nur spärlich im Einsatz. Bei den prunkvollen Festen wurde zwar nicht an Kerzenlicht oder festlichen Illuminationen gespart, die Adligen und der König selbst lebten aber im Alltag auch eher in sparsamer Beleuchtung. Der König berechnete daher seinen Höflingen genaue Kontingente an Kerzen. Und der Kampf um Kerzen war groß. 1739 benötigte man für einen großen Ball allein 24.000 Kerzen.[10]

Ein begehrtes Einrichtungsobjekt waren daher Spiegel, da sie das Licht der Kerzen vervielfachten. Diese wurden hauptsächlich aus Venedig importiert, wo sie in großem Stil hergestellt wurden. Erst nachdem Colbert 1665 beschloss, in Paris eine königliche Manufaktur einzurichten, wurden Spiegel auch in Frankreich in großem Umfang hergestellt. Mit staatlicher Unterstützung in Saint-Gobain in der Picardie gegründet, lieferte die Königliche Spiegelglasmanufaktur die meisten Spiegel nach Versailles. Um der Dunkelheit zu entkommen, waren die Größe und Beschaffenheit der Fenster von großer Bedeutung, sodass der Kampf um eine neue Unterkunft einer wahren Fensterjagd gleichkam. Am begehrtesten waren zweifeldrige Fenstertüren zur Gartenseite des Schlosses. Durch ihre einheitliche Gestaltung, die den Zentralbau mit dem Nord- und dem Prinzenflügel verband, erschien die gesamte Fassade prachtvoll.[11]

Die Appartements waren in der Regel nicht besonders großräumig. Sie umfassten zwei Räume, das Schlafzimmer, wo die Höflinge schliefen und empfingen, und das Kabinett, in das sie sich zurückziehen konnten. Sie hatten aber die Freiheit, ihr Logis nach ihrem eigenen Geschmack zu möblieren.[12] Als Ausgleich für die Wohnsituation hatten sie und die Öffentlichkeit aber während des größten

10 Ebd., S. 117 und 122.
11 Ebd., S. 128 und 140.
12 Ebd., S. 203f.

Abb. 8: Der Schlosspark von Versailles

Teils des Tages freien Zugang in den Park.

Im Herbst 1741 hielten sich Voltaire und Émilie wieder in Paris auf. Sie wohnten zunächst bei Madame d'Autrey, die in dem Haus der Comtesse de Fontaine-Martel lebte. Zu dieser Zeit wurde *Zaïre* in Paris aufgeführt. Am 21. Dezember kehrte Émilie allein nach Cirey zurück. Voltaire blieb in Paris und versuchte, am Hof von Versailles zu reüssieren. Aber er erhielt anscheinend nicht die Einladungen von Ministern oder Mätressen, wie er es sich erhofft hatte.

ERFOLGREICHE SCHLACHTEN

Der Marquis und die Marquise waren seit den 1730er Jahren damit beschäftigt gewesen, die Karriere von Florent Claude weiter voranzutreiben. Der am 17. April 1714 von König Ludwig XV. zum Sous-lieutenant Berufene diente ab April 1744 als Feldmarschall in der Armee unter dem Befehlshaber Coigny, dem Cousin von Ludwig XV. im Elsass. Hierzu wurde Florent Claude sogar in einem persönlichen Brief des Königs instruiert. Am 2. Mai 1744 wurde er von Ludwig XV. zum Generalleutnant der königlichen Armeen berufen. In dieser Funktion diente er ab April 1745 in der Armee des Prinzen Conti am Rhein. Am 1. Mai 1748 folgte dann die Berufung vom König zum Kommandanten über Garnisonstruppen in Lothringen.[1] Eine besondere Ehre war die Aufnahme in den Ordre royal et militaire de Saint-Louis im Juni 1743, die nur wenigen Auserwählten vorbehalten war.[2]

Eine erste Herausforderung erlebte der junge Marquis im Polnischen Erbfolgekrieg 1733–1738. Nach dem Tod des polnischen Königs August II. am 1. Februar 1733 wurde der Thron von seinem Sohn, dem späteren August III. und dem vormaligen König Stanislas Leszczyński, dem Schwiegervater von Ludwig XV., beansprucht. Frankreich setzte sich aktiv für die Erhebung von Stanislas ein und verursachte dadurch einen Krieg mit dem Heiligen Römischen Reich unter Kaiser Karl VI. Die militärischen Konflikte wurden

1 Archiv ADHM 100 J 135, J 136, J 137, J 139 und J 140.

2 Zinsser: Daring Genius, S. 221.

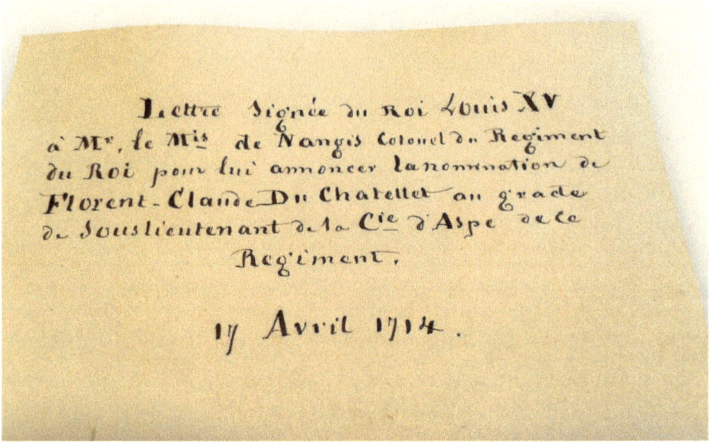
Lettre signée du Roi Louis XV
à Mr, le Mis de Nangis Colonel du Regiment
du Roi pour lui annoncer la nomination de
Florent-Claude Du Chatellet au grade
de Souslieutenant de la Cie d'Aspe de ce
Regiment.

17 Avril 1714.

Abb. 9: Beförderung des Marquis du Châtelet 1714

in Polen, am Rhein und in Italien ausgetragen. Der Krieg endete 1735, wobei der Frieden aufgrund der Nachfolgeregelungen erst am 18. November 1738 unterzeichnet wurde. August III. von Sachsen wurde König von Polen und Stanislas Leszczyński erhielt als Entschädigung das Herzogtum Lothringen.

Im Oktober 1733 überquerte eine französische Armee den Rhein, belagerte und eroberte die gegenüber von Straßburg gelegene Festung Kehl. Danach zogen sich die Franzosen wieder über den Rhein und im Dezember in die Winterquartiere zurück. Im Verlaufe des Winters begann Prinz Eugen, bei Heilbronn eine Armee zum Gegenangriff aufzustellen. Eine der entscheidenden Schlachten war die Belagerung von Philippsburg vom 2. Juni bis 18. Juli 1734, bei der die kaiserlichen Truppen unter Wuttgenau schließlich die Kapitulation anboten.

Von den Ereignissen der Belagerung bei Kehl ist ein Kriegstagebuch von Florent Claude erhalten. Die zwischen dem 14. und 28. Oktober 1733 erfolgte Belagerung der genau gegenüber von Straßburg liegenden Festung war eine der ersten Schlachten im

Rheinland im Zuge des Polnischen Erbfolgekriegs. Eine große Armee der Franzosen unter der Führung des Herzogs von Berwick belagerte die Festung und nahm sie schließlich ein. Am 10. Oktober schrieb Florent Claude, dass am Vortag Prinz Conti gegen vier Uhr angekommen sei und sie ihn mit den üblichen Ehren empfangen haben.[3] Am 12. Oktober notierte er dann, dass die Einnahme von Kehl beschlossen sei. Dafür war Munition und Material geliefert worden und zahlreiche Soldaten kamen an, die die Truppe verstärken sollten: darunter 4000 Bauern, 60 Zimmermänner, 120 Schiffer und 2000 Karren für Munition und Material. In der Nacht vom 12. auf den 13. Oktober überquerten, wie Florent Claude am 14. Oktober notierte, 2000 Männer per Boot den Rhein. In seinem Tagebuch beschreibt der Marquis minutiös die Vorgänge während der Belagerung. Er notiert detailliert die Anzahl der getöteten und verletzten Soldaten, welche Batterien wie vorgingen und platziert waren. Aus den Tagebuchaufzeichnungen erfahren wir auch, wer genau an der Schlacht beteiligt war, beispielsweise der Grenadier de Richelieu, Feldmarschall Monsieur de Givry, der Kommandeur der Truppen, Brigadier Monsieur de Midelbourg oder der Duc de Rochouart.[4]

Mit der Thronbesteigung Maria Theresias 1740 in Wien begann eine weitere Reihe von Kriegen bis ins Jahr 1748, bekannt als Österreichischer Erbfolgekrieg (1740–1748). Er brach aus, als nach dem Tod Kaiser Karls VI. - und damit dem Aussterben der männlichen Linie des Hauses Habsburg - dessen Tochter Maria Theresia, legitimiert mit der Pragmatischen Sanktion, den österreichischen Erzherzogthron bestieg. Daraufhin erhoben mehrere europäische Fürsten wie Karl Albrecht von Bayern, Philipp V. von Spanien und Friedrich August von Sachsen eigene Ansprüche auf die Habsburgischen Erblande bzw. das römisch-deutsche Kaisertum. Der Konflikt generierte zu einem weltumspannenden Krieg. Friedrich II. von

---

3 Archiv ADHM 100 J 142.

4 Ebd.

Preußen nutzte diese Situation, indem er für seine Anerkennung der Pragmatischen Sanktion die Provinz Schlesien verlangte, womit der erste Schlesische Krieg begann. Großbritannien, Russland, Sachsen und die Niederlande schlossen sich am 16. Februar 1741 mit Maria Theresia zu einer antipreußischen Koalition zusammen, worauf sich Friedrich II. mit Frankreich verbündete. Im Sommer traten auch Bayern und Spanien dieser antiösterreichischen Allianz bei, im September 1741 folgte Sachsen.

Moritz Graf von Sachsen, einer der wichtigsten Militärs unter Ludwig XV., führte die französischen Truppen im Nordwesten an. Im Frühjahr 1744 kämpfte er mit einer 80.000 Mann starken Armee gegen Brüssel und die britisch-niederländische Armee. Er eroberte Menin, Ypern, Furnes und Knock; er musste danach allerdings den Großteil der Truppen gegen Karl von Lothringens österreichische Armee schicken, die im Elsass den Rhein überschritten hatte. Sachsen hatte sich im Mai 1744 überraschenderweise auf Österreichs Seite geschlagen. Ein französisches Heer unter dem persönlichen Kommando Ludwigs XV. besetzte 1744 nach sechswöchiger Belagerung Freiburg im Breisgau, während ein anderes das österreichische Schwaben angriff. Im November sammelte sich noch ein drittes Heer an der Mosel. Nach dem Ausscheiden Bayerns aus der antiösterreichischen Allianz und der Räumung des Kurfürstentums und Freiburgs richteten sich die französischen Truppen auf Flandern aus. Dort belagerte 1745 der Maréchal de Saxe, Moritz von Sachsen, mit einer französischen Armee Tournai. Am 11. Mai kam es zur Schlacht bei Fontenoy, in der die Armee unter dem Herzog von Cumberland geschlagen wurde. Daraufhin ergaben sich auch die Städte Gent, Brügge und Tournai und bis zum Ende des Jahres fielen zudem Nieuwport, Dendermonde, Ath und Ostende an Frankreich. Die britischen Truppen waren durch den Jakobitenaufstand bedrängt und mussten vom Kontinent abziehen. Daher konnte die französische Armee des Marschalls von Sachsen 1746 relativ ungehindert weitere Städte im Gebiet einnehmen, darunter Brüssel,

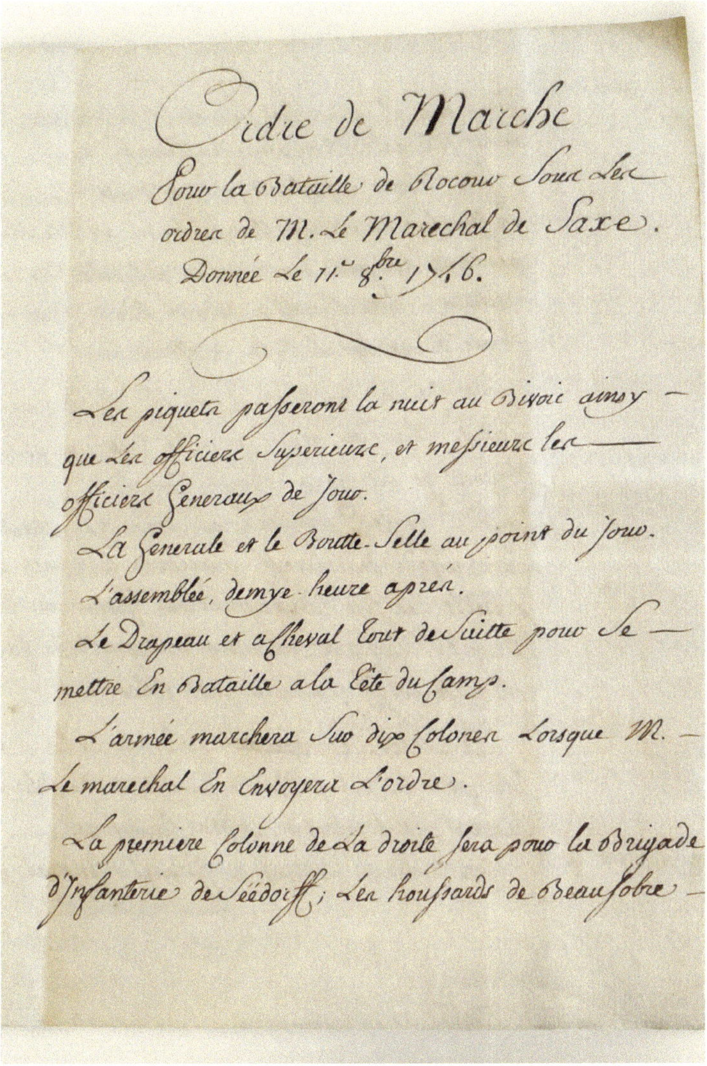

Ordre de Marche
Pour la Bataille de Rocour Sous les
ordres de M. Le Marechal de Saxe.
Donnée Le 11e 8bre 1746.

Les piquets passeront la nuit au Bivoic ainsy —
que Les officiers Superieurs, et messieurs les —
officiers Generaux de Jour.
La Generale et le Boutte-Selle au point du Jour.
L'assemblée, demye heure aprés.
Le Drapeau et a Cheval Tout de Suitte pour se —
mettre En Bataille a la Tete du Camp.
L'armée marchera Sur dix Colones Lorsque M. —
Le marechal En Envoyera L'ordre.
La premiere Colonne de La droite sera pour la Brigade
d'Infanterie de Séedorff; Les houssards de Beausobre —

Abb. 10: *Ordre de marche* aus dem Österreichischen Thronfolgekrieg

Mechelen, Antwerpen, Charleroi und Mons. Während der Belagerung von Namur schlug der erfolgreiche Moritz die Österreicher in der Schlacht bei Huy. Zum Ende des Jahres hin waren die Österreichischen Niederlande und Luxemburg in französischem Besitz. Moritz von Sachsen erhielt für seine Erfolge im Österreichischen Erbfolgekrieg von Ludwig XV. das an der Loire gelegene Schloss Chambord zum Dank.

Von 1740 an bis zum Ende des Österreichischen Erbfolgekriegs am 18. Oktober 1748 mit dem Friedensschluss von Aachen war der Marquis du Châtelet fast durchgängig bei seinem Regiment. Er war an allen großen Schlachten dieser Jahre beteiligt: am Rhein, im Elsass, in deutschen Landen, im Nordwesten bis nach Flandern, das damals zum Habsburgerreich gehörte. Dazu zählten die Schlachten von Dettingen Juni 1743, die Belagerungen von Wissembourg und Freiburg 1744, und er war auch am großen Sieg der Franzosen von Fontenoy im Mai 1745 beteiligt.

Émilie verfolgte die militärischen Einsätze ihres Mannes nicht ohne Sorge. Im Dezember 1741 weilte der Marquis mit der Armee und dem Marschall de Maillebois bei Düren, wie Émilie am 2. Dezember an Bernoulli aus Cirey schrieb.[5] Sie war wegen der Erbschaftsangelegenheiten wieder nach Brüssel gereist, von dort aus schrieb sie an d'Argental über die aktuellen Entwicklungen.[6] Auch Cideville berichtete sie über Neuigkeiten von den Schlachtfeldern. Der Marquis habe sich zurückgezogen, die Kommunikation mit Straßburg sei abgeschnitten. Sie hoffe, dass der König Frankreich zum Erfolg führe.[7] Im Dezember 1744 waren der Marquis und sein Sohn Louis Marie Florent in Bingen am Rhein stationiert.[8]

---

5 Besterman, Bd. 2, S. 82, Nr. 287; Correspondance d'Émilie Du Châtelet, Kölving/Brown, Lettre 377, Bd. 2, S. 87.

6 Am 3. Oktober 1742, Besterman, Bd. 2, S. 90, Nr. 295; Correspondance d'Émilie Du Châtelet, Kölving/Brown, Lettre 392, Bd. 2, S. 106.

7 Am 14. August 1744, Besterman, Bd. 2, S. 126f., Nr. 329; Correspondance d'Émilie Du Châtelet, Kölving/Brown, Lettre 447, Bd. 1, S. 173.

8 An Charlier, 9. Dezember 1744, Besterman, Bd. 2, S. 131, Nr. 334; Cor-

1746 kämpfte der Marquis an der Seite von Moritz von Sachsen in Flandern, wo sie in der Schlacht bei Roucourt über die Engländer siegten. Darüber hinaus war er aber auch im Osten im Einsatz. An der Seite von Moritz von Sachsen kämpfte Florent Claude sodann in Böhmen gegen den König von Preußen, Friedrich II., und Maria Theresias Truppen.[9]

Auch über die Vorgänge im Österreichischen Erbfolgekrieg führte der Marquis sehr genau Buch. So bewahrte er beispielsweise die Anweisungen zum genauen Vorgehen in der Schlachtordnung auf, in der auch beschrieben war, wie er die von ihm angeführte Kolonne - von insgesamt zehn Kolonnen - leiten sollte.[10] Florent Claude führte zudem genau Buch über die Einquartierung der Truppen. Im Beleg vom 18. April 1745 sind insgesamt 16 Batterien des Regiments nahe Städten wie Darmstadt, Mainz, Bingen oder Nassau-Weilburg einquartiert. Zudem waren die genauen Routen der Infanterie vorgeschrieben, die über die Dörfer von den Quartieren aus führten. So ging es beispielsweise von Creutznach (heute Bad Kreuznach) über Eschweiler und Kirchberg nach Hirschfeld und weiter nach Weingert und Berg. Auch die Verläufe der Kavallerie waren genau verzeichnet.[11]

respondance d'Émilie Du Châtelet, Kölving/Brown, Lettre 454, Bd. 2, S. 188.

9 ADHM 100 J 143.

10 Ebd.

11 Ebd.

IHR GROSSER RIVALE: FRIEDRICH VON PREUSSEN

Einer der größten Rivalen hinsichtlich ihrer Lebensliebe Voltaire war für Émilie nicht eine Frau, sondern ein Mann. Und dieser Mann war niemand Geringeres als der König von Preußen, Friedrich II. Begonnen hatte die Annäherung zwischen Voltaire und Friedrich, als dieser noch Kronprinz war. Die erste Kontaktaufnahme zwischen beiden erfolgte 1736. Friedrich lebte zu dieser Zeit in Schloss Rheinsberg, wurde von seinem Vater, König Friedrich Wilhelm I. von Preußen, dominiert und schikaniert. Mit dem Tod des Königs und der Krönung 1740 emanzipierte sich Friedrich vom übermächtigen Vater. Die neu erworbene Macht spielte er sogleich in den Schlesischen Kriegen zwischen 1740 und 1745 aus. Ab 1744 plante er den Neubau von Schloss Sanssouci in Potsdam, wo er seinen „cercle intime", den Kreis von Philosophen und Wissenschaftlern, empfing. Von ihnen stand nicht nur Voltaire der Marquise du Châtelet nah, sondern auch Pierre Louis Maupertuis, Francesco Algarotti und Julien Jean Offray de La Mettrie. Mit ihnen befand sich Émilie in zum Teil engem gegenseitigem Briefkontakt oder sie waren freundschaftlich verbunden. Der italienische Literat Francesco Algarotti (1712–1764) zählte nicht nur zur Tafelrunde in Potsdam, sondern war seit 1739 von Friedrich ein begünstigter und umschwärmter Höfling. Ihn hob er 1740 nach seiner Krönung in den Grafenstand. Seine außergewöhnlich hohe Stellung in Friedrichs innerstem Kreis zeigt, dass Algarotti und nicht die Königin neben Friedrich in der Kutsche saß, als dieser am 7. Juli 1740 zur Krönung nach Königsberg reiste.[1] Julien Jean Offray de La Mettrie (1709–1751) musste wegen der Veröffentlichung seines Werkes *L'homme machine* (Der Mensch als Maschine) nicht nur Frankreich, sondern sogar die Niederlande verlassen, das Land, das eigentlich allen von der Zensur verfolgten Schriftstellern Asyl bot. Friedrich dagegen nahm ihn freundlich auf, gab ihm eine Stelle in der Berliner Akademie, eine Pension sowie einen begehrten Platz an seiner Tafelrunde.[2] 1748 erschien in Berlin de La Mettries *Discours sur le bonheur – l'Anti-Sénèque*, der ebenfalls einen Skandal auslöste und öffentlich verbrannt wurde.[3]

Von all den Beziehungen zwischen Friedrich und seinen Literaten war die zu Voltaire wohl die intensivste und am längsten andauernde. Ihre umfangreiche Korrespondenz begann am 8. August 1736 und endete erst im April 1778, kurz vor Voltaires Tod. Sie füllt allein drei stattliche Bände im Gesamtwerk Friedrichs. Dieser bewunderte Voltaire schon seit seiner Jugendzeit, in der er bereits Werke des Franzosen besaß wie die *Henriade* oder die *Histoire de Charles XII*. Ein Deckengemälde von Antoine Pesne in Rheinsberg zeigt ein aufgeschlagenes Buch mit den Namen Horaz und Voltaire, den am meisten von ihm verehrten Dichtern.[4] In den Briefen beider finden sich immer wieder Verse, mit denen Friedrich wohl seine sprachliche Gewandtheit und poetische Neigung zeigen wollte; aber er ließ seine Schriften auch von Voltaire redigieren, denn dieser war ihm, was die Qualität der Dichtung betraf, zweifellos weitaus überlegen. Ihnen gemeinsam war der Intellekt, der sie gegenseitig anzog, Voltaire war zudem von der politischen Macht und Friedrich vom

1 Tim Blanning: Friedrich der Große. König von Preußen. München 2019, S. 91ff.
2 Ebd., S. 394.
3 Ebd., S. 396.
4 Ebd., S. 399.

lyrischen Talent des anderen angezogen. Besonders Voltaire, der nach der Zensur und Verfolgung seiner *Lettres philosophiques* Paris verlassen musste und in Versailles nicht mehr geduldet war, genoss es, vom preußischen Kronprinzen und späteren König hofiert zu werden. Der in Musik, Philosophie und Kunst bewanderte Laie Friedrich hingegen fühlte sich durch die Wertschätzung und Bewunderung Voltaires ausgezeichnet.[5]

Seit Dezember 1736 schrieben sich der Kronprinz und der Dichter in engen zeitlichen Abständen Briefe, die voller gegenseitiger Bewunderung waren. „Wer sie [die ihm von Voltaire geschickten Werke, A.B.] nicht bewundert, hat den gesunden Menschenverstand verloren“, schmeichelte Friedrich in seinem Brief an Voltaire vom 3. Dezember 1736 aus Rheinsberg. „Die Ode, überreich an Schönheiten, enthält nichts denn zwingende Wahrheiten. Die ‚*Épitre* à Émilie‘ ist eine wunderbare Zusammenfassung des Newton'schen Systems“, so Friedrich weiter.[6] Die gegenseitigen Schmeicheleien spiegeln sich auch in dem Geschenk eines Porträts von Friedrich wider, das er Voltaire nach Frankreich hatte schicken lassen. Voltaire bedankte sich in einem Brief im Januar 1737, den er aus Leiden abschickte. Émilie habe darauf bestanden, dass das Porträt in Cirey hängen solle, dass dieser Schatz für Cirey bestimmt sei. Sie beanspruche es für sich und teile seine Bewunderung für Seine Königliche Hoheit. Zu dieser frühen Zeit der ersten Annäherung zwischen dem Kronprinzen und dem Dichter war die Marquise noch freundlich gestimmt.[7] Allerdings übte sie da bereits Kritik an Friedrichs Vater. Dieser sei grausam, er hasse und verfolge seinen Sohn und er sei in der Lage, seinen eigenen Sohn im Schloss einzusperren.[8]

---

5 Ebd., S. 401.

6 Pleschinski, Briefwechsel, S. 30.

7 Ebd., S. 31.

8 Émilie an d'Argental, 21. Dezember 1736, Besterman, Bd. 1, S. 131; Correspondance d'Émilie Du Châtelet, Kölving/Brown, Lettre 87, Bd. 1, S. 240f.

Diese frühen Briefe an Friedrich sind aber auch Ausdruck von Voltaires hoher Wertschätzung für Émilie und Cirey als Rückzugs- und Arbeitsort. Im März 1737 heißt es: „Vor einem Monat noch beabsichtigte ich ganz und gar nicht, Cirey zu verlassen. Madame du Châtelet, deren Seele nach dem Modell der Ihrigen geformt ist und die ganz gewiß eine prästabilierte Harmonie[9] mit Ihnen verbindet, mußte mich an ihrem Hof festhalten, den ich als Freund, als Philosoph, als freier Mann ohne zu zögern jedem Hof aller Könige der Erde vorziehe [...].“ Aber er, so schreibt er weiter, musste Cirey wegen der Zensur seiner *Henriade*, verlassen. Er sei auf Anraten seiner besten Freunde nach Leiden und Amsterdam abgereist, um dort sein Werk über Newton drucken zu lassen. In diesem Brief an Friedrich verschwieg er nicht, wie sehr die Marquise an diesem Werk beteiligt war: „Ich hatte gerade die leicht faßlichen Grundsätze der Newton'schen Philosophie skizziert; Madame du Châtelet hatte ihren Anteil daran; Minerva diktierte und ich schrieb auf.“ Und auch zwei Monate später schwärmte Voltaire von Cirey als von einem der Freundschaft geweihten Tempel und von Madame du Châtelet, die alle Tugenden eines großen Mannes besitze, dazu kämen die Reize ihres Geschlechts.[10] Friedrich ließ sich von dieser Schwärmerei anstecken: „Wäre ich Katholik, so würde ich weder den heiligen Franz von Assisi noch den heiligen Bruno zu meinem Schutzpatron wählen. Ich ginge schnurstracks nach Cirey, wo ich Tugenden und Fähigkeiten fände, die Haß und Mönchskutte in jeder Weise ausstechen.“[11] Zwei Jahre später deklarierte Friedrich Cirey gar als Akademie, die sich aus der Elite des Universums zusammensetze. Dort gebe es Philosophen, die Newton übersetzten, und Dichter des Heroischen. Es gebe dort die Corneilles, Catulls, Thukydides‘; das Wirken dieser Akademie werde unter dem

9 Anspielung auf Leibniz' Monadenlehre.

10 Brief vom 27. Mai 1737, Voltaire – Friedrich der Große. Briefwechsel, S. 45 und 65.

11 Brief vom 6. Juli 1737 aus Ruppin, ebd., S. 72.

Namen Voltaires publiziert.[12] Émilie ist immer wieder Gegenstand der Briefe zwischen Preußen und Lothringen. Voltaire weiß es zu schätzen, was Émilie für ihre harmonische Zweisamkeit leistete. Ihre Freundschaft ehrte ihn, sie würde nie etwas riskieren, das sie voneinander trennen würde. Um mit ihm in tiefster Einsamkeit und im Studium zu leben, habe sie auf alles verzichtet. Friedrich zeigte sich gerührt von der tiefen Liebe Voltaires zu Émilie und drückte seine Hochachtung der Marquise gegenüber aus, „deren erfindungsreicher Geist sich mit einer kleinen Probe zu offenbaren geruht hat. Er ist nur ein Strahl dieser Sonne, der sich zwischen Wolken blicken ließ: was wird sein, wenn man sie unverhüllt erblickt!" Er schlug vor, dass die Marquise ihren Geist verbergen solle „wie Moses sein Antlitz, weil das Volk Israel dessen Klarheit nicht ertragen konnte".[13]

Aber auch Kritik und Eifersucht gegenüber Émilies „männlichen Eigenschaften" ließen nicht lange auf sich warten. Im Grunde sei die Marquise zu rührig, „sie will uns, uns Männer, aller Vorteile, die unserem Geschlecht vorbehalten sind, berauben. Ich fürchte, wenn sie sich ans Kommandieren von Armeen macht, wird sie die Asche des Condés und Turennes zum Erröten bringen". Friedrich forderte Voltaire in seinem Brief vom 8. März auf, sich „dieser Entwicklung, die uns in Zukunft noch mehr von dieser Art bescheren mag", entgegenzustemmen.[14] Friedrich war letztlich von Voltaire enttäuscht, weil dieser sich nicht von Cirey und Émilie losreißen wollte.[15]

Voltaire erhob den Kronprinzen und die Marquise zu seinen wichtigsten Menschen im Leben, gerade im Angesicht des Todes, wenn er gesteht, dass er Seine Königliche Hoheit und Émilie gebraucht habe, um Kraft zum Denken und zum Schreiben zu empfangen. Aus Paris schrieb er im September 1739 an den preußischen Kronprinzen, dass die Briefe Seiner Königlichen Hoheit

---

12 Ebd., S. 143.
13 Ebd., S. 109.
14 Ebd., S. 154.
15 Orieux: Voltaire, S. 237.

und die Gesellschaft der Marquise du Châtelet seine Feier und seine Musik seien.[16] Er war sehr nahe daran, „jenes Reich zu erblicken, das von Orpheus bezwungen wurde" und aus welchem er nur zurückkommen wolle, um Émilie und Friedrich wiederzufinden. Nur die Marquise halte Voltaire in Frankreich, ansonsten hätte er das Land schon längst verlassen. Er hasse Frankreich nicht, er liebe und achte die Regierung, unter der er geboren worden sei, aber er wünsche sich mehr Ruhe und weniger Furcht, um sich seinen Studien widmen zu können.[17] In seinen Mémoiren schrieb Voltaire allerdings, dass er die Freundschaft dem Ehrgeiz und die Frau dem König vorgezogen habe.[18]

Der preußische König zeigte zudem ein starkes Interesse an der wissenschaftlichen Arbeit Émilies. Sie hatte Friedrich ihren Essay über das Feuer zugeschickt.[19] Friedrich drückte seine Bewunderung gegenüber ihrer Arbeit anlässlich der Ausschreibung der Académie royale des sciences aus und bedauerte, dass sie den Preis nicht erhalten habe. Aber es sei kein Wunder, dass „irgendein physikalisches Machwerk der hervorragenden Abhandlung der Marquise" vorgezogen worden sei. Er kritisierte die Dreistigkeiten, die bereits als Philosophie gehandelt worden seien, die Absurditäten, mit denen sich die Universitäten beschäftigten. Er sieht auch die Hürde bei den Berufsgelehrten, die Mühe hätten, wissenschaftliche Gesetze von einer jungen Dame zu empfangen, die sie im „Reiche der Grazien" bewundern würden, als Vorbild im Reiche der Wissenschaften aber ablehnen müssten.[20] Zu Beginn des Jahres 1740 diskutieren sie über die Schriften von Christian Wolff, die Friedrich geschickt hatte, und über das starke Interesse Émilies an Leibniz – sie sei vollends

16 Voltaire – Friedrich der Große. Briefwechsel, S. 163.
17 Ebd., S. 148.
18 Voltaire, Mémoires, S. 101.
19 Émilie du Châtelet an Friedrich den Großen, Cirey, 26.8.1738, Besterman, Bd. 2, S. 249, Brief Nr. 136; Correspondance d'Émilie Du Châtelet, Kölving/Brown, Lettre 156, Bd. 1, S. 373f.
20 Voltaire – Friedrich der Große. Briefwechsel, S. 152.

leibnizisch geworden, wie Voltaire bemerkte.[21] Aus Brüssel schrieb Émilie dann selbst an Friedrich und schmeichelte ihm hinsichtlich seiner Schriften, die sie gerade mit großer Ungeduld lese. Sein Werk müsse für das Glück der Welt veröffentlicht werden. Sie las gerade den *Antimacchiavell* und wage es, mit ihm über Wolff und Leibniz zu sprechen.[22] Sie verriet ihm auch, dass sie eine „kleine Skizze" über Leibniz schrieb – die *Institutions de physique* – da die Leibniz'schen Ideen neu für die Franzosen seien. Sie erklärte dem preußischen König, dass dieses Werk allein für die Erziehung ihres Sohnes gedacht sei, den sie mit großer Zärtlichkeit liebe. Die Physik basiere auf der Metaphysik, weshalb sie sich auch der Metaphysik von Leibniz widme, die einzige Philosophie, die sie zufriedenstelle.[23] In diesem Brief verschwieg sie nicht die Differenzen mit Voltaire über die gegensätzlichen Auffassungen, was Leibniz und Newton betraf. Aber ihre unterschiedlichen wissenschaftlichen Meinungen konnten niemals ihre tiefe Freundschaft und Verbindung gefährden.

Im Sommer 1740 dann wurde Friedrich klarer und schrieb aus Charlottenburg an Voltaire: „Doch zurück zu Ihnen, mein lieber Voltaire; Sie werden zwischen der Marquise und mir Frieden stiften; Sie behalten ihr den ersten Platz in Ihrem Herzen vor, und sie wird erlauben, daß ich in Ihrem Geist den zweiten einnehme."[24] Mit diesen Worten drückte er seine Einsicht deutlich darüber aus, dass Émilie ganz klar die erste Stelle in Voltaires Leben einnahm, emotional und intellektuell. Nach außen hin bescheiden gab er sich mit dem zweiten Rang ab. Auch Émilie ihrerseits betonte kurz vor dem ersten Treffen zwischen Voltaire und Friedrich am 11. September 1740 auf Schloss Moyland bei Kleve, dass er Voltaire aus ihren Hän-

21 Am 10. März, ebd., S. 187.

22 Am 4. März 1740, Besterman, Bd. 2, S. 10f., Brief 234; Correspondance d'Émilie Du Châtelet, Kölving/Brown, Lettre 283, Bd. 1, S. 572.

23 25. April 1740 aus Versailles, Besterman, Bd. 2, S. 13f., Brief 237; Correspondance d'Émilie Du Châtelet, Kölving/Brown, Lettre 286, Bd. 1, S. 576f.

24 Voltaire – Friedrich der Große. Briefwechsel, S. 210.

den zu empfangen habe. Sie leihe ihn aus, aber nur für kurze Zeit, er müsse das Opfer ihrerseits anerkennen, dass sie Voltaire kurz für ihn hergebe.[25] Versöhnlicher klingt es dann, als sie an Friedrich schrieb, dass sie sich freue, dass Voltaire wie ein moderner Marc Aurel gefeiert werde und dass seine Briefe voll von Lobeshymnen sowie dem Ausdruck von Glück seien, seine Tage mit Friedrich zu verbringen.[26] Von Voltaire vernahm man in dieser Zeit eine große Schmeichelei Friedrich gegenüber: „[…] meine wenigen, mit Madame du Châtelets vermengten Besitztümer hemmen nicht den Drang, meine Tage am liebsten in der Nähe Ew. Majestät zuzubringen. Ich schwöre Ihnen, Sire, daß ich keinen Augenblick zögern würde, diese kleinen Interessen dem großen Interesse eines denkenden Wesens zu opfern, das zu Ihren Füßen leben und Ihnen lauschen möchte."[27] Émilie sah letztlich voraus, dass der Zauber zwischen Friedrich und Voltaire nicht ewig halten würde, dass er den an ihr vergangenen Verrat bedauern würde. Sie wollte ihn nicht unglücklich wissen, wie sie dem Abbé de Sade gegenüber beteuerte: „Glauben Sie mir, am meisten beschäftigt mich in diesen dunklen Augenblicken der Gedanke an den schrecklichen Schmerz, den Monsieur de Voltaire empfinden wird, wenn der Rausch nachlässt, in den ihn der Hof von Preußen versetzt hat."[28] Es bestand eine regelrechte Rivalität zwischen Friedrich und Émilie. Sobald Voltaire wieder bei ihr war, kam ihre Fröhlichkeit zurück. D'Argental gegenüber gestand sie, dass sie sich keinerlei Illusionen über die wahren Gefühle des Königs ihr gegenüber mache, dass er eigentlich über sie empört sei und sie hasse, so wie sie ihn hasse.[29] 1743 bezeichnete sie Friedrich in einem Brief an de Sade als einen „gefährlichen Rivalen".[30]

25 Orieux: Voltaire, S. 276.

26 Besterman, Bd. 2, S. 31, Brief 251.

27 Voltaire – Friedrich der Große. Briefwechsel, S. 244.

28 23. November 1740, Correspondance d'Émilie Du Châtelet, Kölving/Brown, Lettre 310, Bd. 1, S. 607.

29 Zitiert nach Orieux: Voltaire, S. 284.

30 Besterman, Bd. 2, S. 97, Brief 304; Correspondance d'Émilie Du Châte-

Noch zwei Jahre später trieb Friedrich die unangefochtene Stellung der Marquise in Voltaires Leben weiterhin um. Er betonte, dass die Marquise schön und liebenswert sei, ein Herz habe und nicht von Stein sei. Voltaire und Émilie lebten nun seit zehn Jahren zusammen, Voltaire sei kein Eunuch und beharre aber darauf, dass sie beide nur über Philosophie debattierten. Friedrich wollte das nicht glauben, schien aber von Voltaire nicht ehrlich darüber aufgeklärt worden zu sein, was seine Gefühle betraf.[31] Friedrich hofierte Voltaire und seine Worte ihm gegenüber klangen wie diejenigen eines Liebhabers.[32]

Voltaire plante eine Reise nach Berlin, aber nicht nur, um dem jungen preußischen König nahe zu sein, sondern auch um ihn in Diensten des Hofs von Versailles auszuhorchen. Nur zum Schein wurde in Paris Voltaires Drama *La mort de César* verboten, damit kein Verdacht aufkam.[33] Friedrich hatte Voltaire eingeladen, von Ende September bis Anfang Oktober 1741 nach Berlin zu kommen.[34] Voltaire reiste schließlich nach Preußen und verbrachte zwei zusätzliche Wochen in Bayreuth, wobei er eigentlich geplant hatte, nur zehn Tage in Berlin zu bleiben. Émilie war alles andere als begeistert darüber, zumal er ihr zwei Wochen lang nicht schrieb. Die Nachricht Voltaires, dass er bei der Markgräfin in Bayreuth weile, erschütterte sie.[35]

Äußerlich zeigen die Briefe Friedrichs eine große Wertschätzung gegenüber der französischen Naturphilosophin. Zwischen den Zeilen, und nicht nur da, sind die Briefe allerdings ein klares Zeugnis von Rivalität und Eifersucht. Voltaire lässt sich gerne umgarnen und hofieren, fühlt sich geschmeichelt, unterschätzt aber den Schmerz,

---

let, Kölving/Brown, Lettre 406, Bd. 2, S. 125.

31 Voltaire – Friedrich der Große. Briefwechsel, S. 279f.

32 Mauro: Émilie du Châtelet, S. 87.

33 Voltaire – Friedrich der Große. Briefwechsel, S. 302.

34 Émilie du Châtelet an Argenthal, Oktober 1741, Besterman, Bd. 2, S. 76, Brief 284.

35 Orieux: Voltaire, S. 307.

den er seiner Freundin zufügte. Es ist bezeichnend, dass der eigentliche und längere Aufenthalt Voltaires in Preußen erst nach Émilies Tod ab 1750 erfolgt. Anscheinend war ihre Kraft, ihn in Frankreich und vor allem in Cirey zu halten, immens groß.

In den 1750er Jahren kam es schließlich zu einer Abkühlung im Verhältnis zwischen König und Dichter. Eine Rolle darin spielte eine betrügerische und illegale finanzielle Transaktion zwischen Voltaire und Abraham Hirschel, bei der sich beide mit gegenseitigen Klagen überzogen, was schließlich zum öffentlichen Skandal führte, der für Friedrich alles andere als erfreulich war. An der atmosphärischen Abkühlung am preußischen Hof spielte auch Maupertuis einen gewissen Part. Er war damals von seinem Freund Voltaire empfohlen worden, jetzt entwickelte sich jedoch eine zunehmende Rivalität zwischen beiden, da Maupertuis seine Stellung als führender französischer Intellektueller in Berlin seit Voltaires Auftreten eingebüßt hatte.[36] Eine weitere Differenz zwischen Friedrich und Voltaire entstand wegen eines akademischen Streits zwischen Maupertuis und Samuel König um das Prinzip der kleinsten Wirkung, wobei Voltaire auf Seiten Königs und Friedrich auf Maupertuis' Seite stand. Die Affäre löste einen öffentlichen Wirbel in Berlin und darüber hinaus aus, der unter anderem durch einen Brief Voltaires provoziert wurde, in dem dieser seine Position für König deutlich machte.[37]

Die Hochphase der intimen Freundschaft zwischen König und Dichter hielt drei Jahre, von 1750 bis 1753. Am 26. März 1753 verließ Voltaire Berlin in Richtung Sachsen, womit auch der direkte Kontakt zwischen ihm und dem preußischen König erlosch. Im Frühjahr 1754 nahmen beide dann wieder brieflichen Kontakt auf, der bis zu Voltaires Tod im Jahr 1778 andauerte.

---

36 Blanning: Friedrich der Große, S. 403.

37 Ebd., S. 404.

AUFKLÄRERISCHE RELIGIONSKRITIK

Das 18. Jahrhundert war das Jahrhundert der Religionskritik. Im Zuge der Aufklärung, der rationalen Analyse von Gesellschaft und Politik wurde das Gegebene und Tradierte infrage gestellt und der strengen Prüfung der Vernunft unterzogen. Vertreter dieses neuen Kurses fanden sich sowohl unter den Philosophen und Schriftstellern als auch unter Monarchen. Zwei dieser Repräsentanten aus dem Umfeld der Marquise waren Voltaire und der preußische König. Friedrich der Große übte sich zwar in Toleranz gegenüber den unterschiedlichen christlichen Konfessionen, persönlich war er jedoch an allem Religiösen desinteressiert. Voltaire verfasste 1763 seine berühmte Toleranzschrift und war vom französischen Hof wegen seiner religionsfeindlichen Positionen unter Zensur gesetzt, denn es „flossen aus seiner Feder doch die erbaulichsten und amüsantesten Texte, die Religionskritik je hervorgebracht hat!“[1] Voltaires Kritik richtete sich vor allem gegen die christliche und insbesondere katholische Kirche, mit der Ablehnung der Dogmen, der Menschwerdung Christi und dem Offenbarungsglauben.[2] Sein ihm

1 Sabine Appel: Religionskritik damals und heute (2/2): Aufklärung und Moderne; SWR2, 16.2.2020.

2 René Pomeau: „Ecraser l’Infâme“ 1759–1770. Oxford 1994, S. 7.

vorgeworfener Antijudaismus[3] ist im Kontext seiner Religionskritik generell zu sehen. Darin wandte er sich vor allem gegen die monotheistischen Offenbarungsreligionen Islam, Judentum und Christentum.

Voltaire kämpfte vor allem für religiöse Toleranz, also für die Gleichberechtigung aller Religionsgemeinschaften. Die Juden seiner Zeit nahm er eher als mittelalterliches Volk wahr, die jüdischen Gemeinschaften vermutlich als Fremdkörper. Sie wurden in seinen Augen von einer fundamentalistischen Priesterkaste beherrscht und standen den Gedanken der Aufklärung feindlich gegenüber.[4] Im Werk Voltaires finden sich zahlreiche Beispiele solcher Äußerungen einer Kritik der jüdischen Religion, sie ist für ihn – ebenso wie das Christentum – „eine Religion des Aberglaubens mit grausamen, Gott zugeschriebenen Geboten, mit einer manipulativen Priesterschaft und barbarischen Verhaltensmaßregeln, die mit Humanismus und Moral nicht in Einklang zu bringen sind".[5] Diese Kritik basiert auf einer soliden Grundlage. Denn bemerkenswerterweise hat sich Voltaire intensiv mit den Schriften insbesondere der christlichen und jüdischen Literatur auseinandergesetzt. Davon zeugen die zahlreichen Werke in seiner Bibliothek im Château de Ferney sowie zahlreiche Zitate aus biblischen Schriften in seiner Korrespondenz.[6] Voltaire kann als Deist gelten, in dem Sinne, wie es viele seiner Zeitgenossen waren, also als Anhänger einer natürlichen Religion, die frei von Offenbarungen, Wundern oder Propheten ist, eine Reli-

---

3 Siehe insbesondere Peter Schäfer: Kurze Geschichte des Antisemitismus. München 2020, S. 189 und David Nirenberg: Antijudaismus. Eine andere Geschichte des westlichen Denkens. Darmstadt 2015, S. 350.

4 Sehr differenziert zur Thematik: Rainer Bauer: Voltaire, Juden, Antisemitismus, online unter: https://www.correspondance-voltaire.de/voltairejudenantisemitismus/ [Abruf: 23.06.2025].

5 Zitiert nach Rainer Bauer: Voltaire, Juden, Antisemitismus, online unter: https://www.correspondance-voltaire.de/voltairejudenantisemitismus/ [Abruf: 23.06.2025].

6 René Pomeau: „Ecraser l'Infâme", S. 219.

gion, die ohne Geistliche, Kirche und Heilige Schrift auskommt.[7] Er war ein radikaler Freidenker, der sein Leben lang gegen Aberglauben, Dogmatismus vor allem der Kirche und ihre Verquickung mit der weltlichen Macht sowie Intoleranz kämpfte. Ein Zeugnis für diese Haltung ist sein Drama *Le fanatisme ou Mahomet le Prophète*, das 1741 uraufgeführt und 1743 im liberalen Amsterdam in einer ersten Fassung veröffentlicht wurde, dann aber auf dem Index der katholischen Kirche stand. Im Drama wird ein junger Mann vom Propheten Mohammed fanatisiert, der selbst nur an den irdischen Belangen wie der Machtstärkung interessiert ist und damit die Verlogenheit religiöser Vertreter generell symbolisiert. Es ging Voltaire weniger um eine Kritik an dem muslimischen Propheten Mohammed als vielmehr um die Kritik an der Institution der römisch-katholischen Kirche.[8]

Religionskritik fand sich in der zweiten Hälfte des 18. Jahrhunderts verstärkt auch in den Schriften der Enzyklopädisten. Im Zentrum ihrer Kritik standen theologische Fragen, das institutionelle Selbstverständnis der Kirchen oder ihr Monopol in Fragen der ethischen Lebenspraxis. Sie stellten das Existenzrecht von Religionen an sich infrage. Der Begründer und Mitherausgeber der *Enzyklopädie*, Denis Diderot (1713–1784), entwickelte sich allmählich - wie viele Aufklärungsphilosophen - von einem Deisten zu einem Atheisten. Im Zentrum seines Denkens standen der Gegensatz zwischen Glaube und Vernunft sowie der Zweifel am teleologischen Gottesbeweis, wonach sich die Existenz eines höheren Wesens aus der Ordnung und Zweckmäßigkeit in der Welt ergebe. Andere Enzyklopädisten wie Paul-Henri Thiry d'Holbach (1723–1789) veröffentlichten teilweise anonym, um die Zensur des Königs zu umgehen.

7 Reinhardt: Voltaire, S. 218.

8 Trotz Widersprüchlichkeiten, Absurditäten und Anachronismen sah Voltaire im Koran das Prinzip einer guten Moral und einer gerechten Idee von göttlicher Macht. René Pomeau: La Religion de Voltaire. Paris 1969, S. 159. Reinhardt: Voltaire, S. 244ff.

In seiner 1766 veröffentlichten Schrift *Le christianisme dévoilé* (*Das entschleierte Christentum*)[9] deklarierte er die christliche Religion als unsinnig und moralisch fragwürdig. Er warnte vor deren schädlicher Wirkung sowohl für den Einzelnen als auch für die gesamte Menschheit. In seinen Buch *System der Natur* präsentierte er sich als Atheist, 1770 veröffentlicht unter dem Namen des zu der Zeit bereits verstorbenen Jean-Baptiste de Mirabaud. D'Holbach trat hier ausdrücklich für Atheismus ein und betrachtete die Natur als materialistisch-deterministisch wirkenden Prozess. Ein weiterer Freidenker war Claude Adrien Helvétius[10], mit dem Voltaire u.a. in den Jahren 1739 bis 1741 in brieflichem Kontakt stand. Für Helvétius war die Religion ein aus Herrschaftsinteressen der Priesterkaste entstandenes Unterdrückungsinstrument, verbunden mit einem Glücksversprechen für erlösungsbedürftige Menschen. Auch er war ein rigoroser Atheist, der in der Kirche eine Bedrohung der politischen Ordnung sah. Sein zweibändiges Werk *De l'homme, de ses facultés intellectuelles et de son education* erschien 1772 in London. Helvétius betonte wie andere Aufklärer den Gegensatz von Religion und Wissenschaft und wies auf die Widersprüchlichkeit der Gottesidee hin. Religion werde von den Mächtigen lediglich zur Legitimation ihrer Herrschaft genutzt. Helvétius kritisierte vor allem die christliche Kirche, die sich für die Irreführung der Menschen, Unterstützung des Despotismus und Verhinderung von Fortschritten verantworten müsse.

---

9 Das Manuskript wurde offensichtlich, so Antoine-Alexandre Barbier, Jean-François de Saint-Lambert, der ein guter Freund d'Holbachs war, anvertraut. Er ließ es bei dem Verleger Le Clerc in Nancy drucken.

10 Claude Adrien Helvétius, eigentlich in der nicht latinisierten Form Claude Adrien Schweitzer (geboren am 26. Februar oder 26. Januar 1715 in Paris, gestorben am 26. Dezember 1771), war ein französischer Philosoph des Sensualismus und Materialismus der Aufklärung. Er war der Ehemann der Salonnière Anne-Catherine de Ligniville Helvétius.

Nicht nur die Gesellschaft von religionsskeptischen Aufklärern wie Voltaire,[11] sondern auch die naturwissenschaftliche Arbeit der Marquise und das rationale Denken, das dafür Voraussetzung ist, bewegte sie dazu, die Bibel in den 1740er Jahren umfassend zu kommentieren und einer kritischen Analyse zu unterziehen. Émilies Kommentar ist eine Auseinandersetzung mit einem gewichtigen Werk von Dom Calmet, dem in Lothringen geborenen und wirkenden Gelehrten und Abt des dortigen Benediktinerordens. Es ist ihre Hauptquelle, immer wieder verweist sie auf ihn. Die Marquise du Châtelet studierte und wertete die in den Jahren 1707–1716 verfassten 23 Bände von Dom Calmets französischem Bibelkommentar *La Sainte Bible en latin et en françois, avec un commentaire littéral et critique* genau aus.[12] Dom Calmet war ein ebenso gelehrter wie dem modernen Wissen gegenüber aufgeschlossener Benediktiner.[13] Sein Werk gilt als der beste und größte jemals in Frankreich erschienene Kommentar zur Heiligen Schrift, der während des 18. Jahrhunderts in mehreren Auflagen veröffentlicht wurde.

Die Bibel war für die Kommentatorin du Châtelet ein Schriftwerk voller Ungereimtheiten und Absurditäten. Ihr Werk *Examens de la bible* – ursprünglich unter dem Titel: *Examen sur l'Ancien Testament et Examen sur le Nouveau Testament* anonym veröffentlich – gliedert sich in zwei Teile – in einen Teil zum Alten und einen zum Neuen Testament. Eine erste logische Ungereimtheit sieht die

11 Émilie du Châtelet tauschte sich u.a. auch mit dem Vater von Hélvetius, Jean Claude Adrien Helvétius (1685–1755), Leibarzt der Königin, über Leibniz aus, Brief von J.C.A. Hélvetius an Émilie du Châtelet, 12. März 1741. Correspondance, hrsg. von Kölving/Brown, Bd. 2, Brief 332, S. 14.

12 Émilie du Châtelet: Examens de la bible, hrsg. von Bertram Eugene Schwarzbach. Paris 2011, S. 24 und 81. René Pomeau schreibt von 24 Bänden. Pomeau: La Religion de Voltaire, S. 164. Neben der Quelle Dom Calmet gibt es Verweise auf Pierre Bayle und Thomas Woolston. Pomeau: La Religion de Voltaire, S. 174.

13 Bernhard Lang: Tischgespräche mit Voltaire, NZZ, 7. Januar 2012.

Naturphilosophin bereits in der Genesis, der Schöpfungsgeschichte. Gott sehe keinen anderen Unterschied zwischen Sonne und Mond als den in seiner Beschreibung: „großes Licht“ (Sonne) und „kleines Licht“ (Mond). Aber schon Kinder lernten, dass der Mond ein lichtundurchlässiger Körper sei, der kein anderes Licht ausstrahle als das von der Sonne reflektierende. Sie amüsiert sich darüber, dass es bereits vor der Schaffung der Sonne drei Tage und Nächte gegeben habe, die durch den Morgen und Abend markiert seien. Dies stehe im Widerspruch dazu, dass Gott Sonne und Mond geschaffen habe, um den Tag von der Nacht zu trennen.[14] Ein weiterer Beweis der Absurditäten in der Bibel aus naturwissenschaftlicher Sicht war für die Marquise die Sintflut. Nach ernsthaften Berechnungen müsste achtmal so viel Wasser, wie die Ozeane beinhalten, notwendig gewesen sein, um die Flut zu verursachen. Genauso unsicher sei es, wohin die riesigen Mengen an Wasser geflossen seien, nachdem Gott die Flut wieder zurückgerufen habe. So ist es für die Kommentatorin auch überraschend, dass Noah, seine Familie und die Tiere nicht an Infektionen gestorben sind, die mit der Flut gekommen waren. Auch das Land sei nach einer Flut solchen Ausmaßes für ein Jahr mindestens nicht mehr fruchtbar.[15] Für Émilie du Châtelet zeigt sich Gott als äußerst grausam, vergleichbar mit Nero, dem grausamsten der römischen Kaiser. Die Bibel sei voll von diesen grausamen Phänomenen: Wasser, das sich in Blut verwandele und ein ganzes Volk vergifte, ansteckende Krankheiten, die Tiere befielen, Geschwüre, die sich in Menschen eingrüben, Stürme, Dunkelheit über das ganze Land, Kinder, die von Engeln getötet würden – und all dies für das kleine Volk der Israeliten, damit diese 40 Jahre lang durch die Wüste wanderten.[16] In der Kritik Émilie du Châtelets am Alten Testament zeigt sich auch eine Distanz zum israelitischen Volk, insbesondere aber Kritik an den jüdischen Gesetzen, die ihrer

---

14 Du Châtelet: Examens de la bible, hrsg. von Schwarzbach, S. 157.

15 Ebd., S. 170.

16 Ebd., S. 207.

Ansicht nach mitunter ungerecht waren: Ein Beispiel dafür sah sie darin, dass Gott diejenigen in gleichem Maße bestrafe, die ihre Eltern nur bestohlen, wie diejenigen, die sie getötet hätten.[17]

Das Buch Hiob entbehrte ihrer Ansicht nach jeglicher realen Grundlage. Weder Hiob selbst noch der Autor oder das Land und die Zeit seien belegt. Manche würden sagen, es sei eine Allegorie, andere, dass es geträumt worden sei, wiederum andere, dass es Dichtung sei. Auch sei nicht bekannt, ob Hiob Jude oder Heide war.[18] Das Buch Judith war für die Marquise ein Zeugnis großer Grausamkeit. Auch hier betrachtete sie die Israeliten mit Unverständnis, denn sie waren es, denen Judith ihre Tat erzählte, wie sie Holofernes den Kopf abgeschlagen hatte. Und niemand von ihnen habe seine Abscheu gezeigt, ganz im Gegenteil: Sie sei dafür gelobt und gesegnet worden. Niemand habe sie an ihrem Plan gehindert, sie wurde von den anderen sogar dazu ermutigt.[19] All diese Inhalte bestärkten Émilie du Châtelet in ihrer Kritik am Alten Testament, von dem sich ein vernünftiger Mensch nur distanzieren könne. Das Neue Testament hingegen, das die Grundlage der christlichen Religion ist, müsse ihrer Ansicht nach noch strenger und genauer analysiert werden.[20]

Im Neuen Testament lag für die Marquise vor allem ein Widerspruch zwischen Vernunft und Glaube, der durch die Wundertaten Jesu bekräftigt werde. Während sie die Bergpredigt in Matthäus, Kapitel 5, als banale Moral bezeichnet,[21] amüsiert sie sich über die Geschichte in Matthäus, Kapitel 21, in der das Wunder der Heilung der Blinden und Lahmen lächerlich und unwirklich sei. Absurd war für sie zudem der Fluch des Feigenbaums, weil er keine Früchte trage. Denn wie könne man nach Feigen auf einem

17 Ebd., S. 216f.
18 Ebd., S. 452.
19 Ebd., S. 483.
20 Ebd., S. 609.
21 Ebd., S. 634ff.

Feigenbaum suchen, wenn diese noch gar nicht reif seien?[22] Ihre Ablehnung von Wundern und übernatürlichen Phänomenen zeigt sich zudem in ihrer Kritik an der Wiederauferstehung Jesus. Diese ist für Émilie ein zweifelhafter Abschnitt in Matthäus, Kapitel 28. Sie argumentiert wie folgt: Für den Fall, dass Jesus wiederauferstanden ist, hätte er sich Pilatus und den oberen Priestern, dem ganzen Volk, zeigen sollen. Indem er dies nicht tat, verspielte er den Nutzen des Ereignisses. Er hätte seiner Wiederauferstehung die gleiche Offensichtlichkeit verleihen müssen wie seinem Leiden. Da er dies nicht getan hat, sei seine Wiederauferstehung unwahrscheinlich.[23] Entweder ereignen sich Wiederauferstehungen in der Öffentlichkeit, sodass man ihnen Glauben schenken muss, oder sie erfolgen im Geheimen, was bedeutet, dass niemand daran glauben muss. Auch die Identitäten von Lukas und Markus sind für die Marquise unsicher und nicht nachweisbar.[24] Das Johannes-Evangelium unterscheidet sich nach Ansicht der Kommentatorin stark von den anderen Evangelien und sei von einem ganz anderen Ton Jesus getragen. Die Diskurse seien voller Wiederholungen.[25] Johannes, Kapitel 5, der Teich der Betesda und die Heilung des seit 38 Jahren kranken Mannes durch Jesus, ist für sie eines der lächerlichsten Abschnitte der Evangelien.[26]

Diese knappen Auszüge aus der bibelkritischen Schrift der Marquise du Châtelet zeigen vor allem ihre scharfsinnige Lektüre des Textes. In kritischer Analyse zeigt sie auf, was ihr irrational oder unlogisch erschien und für sie im Widerspruch zum historischen Narrativ sowie zu naturwissenschaftlichen Erkenntnissen stand. Dabei verbarg sie aber auch nicht ihre subjektive Sichtweise, wenn Sie beispielsweise schreibt: „Ich bin verärgert […]“ oder „Ich bin

22 Ebd., S. 688f.
23 Ebd., S. 711ff.
24 Ebd., S. 719 und 734.
25 Ebd., S. 763.
26 Ebd., S. 775.

begeistert [...]"[27] Die Christen betrachtete sie bemerkenswerterweise aus Distanz, so als ob sie sich nicht dazu zählte.[28] Vor allem die Schilderung von Wundern und Absurditäten in den biblischen Geschichten stießen auf ihr Unverständnis. Bei ihrem Bibelkommentar handelt es sich zudem um eine normative Kritik aus moralischer und philosophischer Perspektive. Sie wandte sich gegen die Grausamkeit gegenüber Tier und Mensch sowie gegen Kriege. Sie attackierte das System des Banns und kritisierte die Frauenfeindlichkeit bei Paulus. Ihr Kommentar zeigt zudem eine Ablehnung biblischer Monarchien, hingegen Respekt gegenüber den zivilen Gesetzen.[29]

Émilie du Châtelets in den 1740er Jahren verfasster 700-seitiger Bibelkommentar ist eine der ersten religionskritischen Schriften der Aufklärung im 18. Jahrhundert.[30] Sie setzte sich mit dieser Kritik über die vorherrschenden gesellschaftlichen Vorstellungen ihres Standes in einer noch christlich geprägten Zeit hinweg. Erste große Kritiken, die sie zweifellos kannte, wurden Ende des 17. Jahrhunderts veröffentlicht. Zum einen war dies der *Tractatus theologico-politicus* von Baruch de Spinoza (1632–1677). In der 1670 verbreiteten Schrift kritisierte der niederländische Philosoph die drei Offenbarungsreligionen Christentum, Judentum und Islam: Nicht blinder Glaube, sondern kritische Vernunft sollten der Maßstab menschlichen Handelns und Denkens sein. Prophezeiungen, Wunder und übernatürliche Phänomene lehnte er als nicht real ab. Er plädierte für eine säkularisierte Gesellschaftsordnung. Die Kapitel 1 bis 15 beinhalten eine Religions- und Bibelkritik, in den weiteren vier Kapiteln stellte Spinoza seine politische Philosophie dar. Zum

27 Ebd., S. 38.
28 Ebd., S. 111.
29 Ebd., S. 132.
30 Ira O. Wade datiert die Entstehungszeit auf einen längeren Zeitraum zwischen 1736–1738 und 1746–1749. Ira O. Wade: Voltaire and Madame du Châtelet. An Essay on the Intellectual Activity at Cirey. New York 1967, S. 126.

anderen hat sich John Locke in seiner Abhandlung *A letter concerning Toleration* mit dem Problem der Konfessionen auseinandergesetzt. Er billigte den Religionen das Recht zu, sich durch Praxis zu bewähren, ohne Verfolgung befürchten zu müssen, sofern sie nicht den Staat gefährdeten. Die erste Ausgabe erschien 1689 anonym in Gouda auf Latein, der Text wurde danach schnell in mehrere Sprachen übersetzt, 1710 erschien die französische Ausgabe.[31] Die Marquise hat sich auch intensiv mit Locke auseinandergesetzt, in Gesprächen mit Voltaire und Freunden oder im Rahmen ihrer wissenschaftlichen Arbeiten.[32] Zu erwähnen ist noch der Philosoph und Publizist Pierre Bayle (1647–1706), ein Repräsentant der französischen Frühaufklärung. Er veröffentlichte zwischen 1695 und 1697 das *Historische und kritische Wörterbuch*, ebenfalls eine Kritik philosophischer und theologischer Dogmen. Auch für ihn sind Glaube und Vernunft aufgrund vieler Ungereimtheiten und Widersprüche nicht vereinbar.

Zeitlich parallel zu Émilie du Châtelets Schrift entstand die Abhandlung des deutschen Orientalisten Hermann Samuel Reimarus (1694–1768). Dessen zwischen 1735–1768 geschriebene und 1777 von Lessing postum veröffentlichte *Apologie oder Schutzschrift für die vernünftigen Verehrer Gottes* stellt ebenfalls eine vom englischen Deismus beeinflusste radikale Bibelkritik dar, mit der Reimarus christliche Theologie und Dogmen als Priesterbetrug zur Unterdrückung des armen Volkes bekämpfen wollte. Er griff darin - ebenso wie die Marquise du Châtelet - vor allem den Glauben an die Wunder Jesus und die Auferstehung Jesu Christi an. Diese Schrift von

31 Œuvres diverses de monsieur Jean Locke. Fritsch et Böhm, Rotterdam 1710.

32 Voltaire an Jean Bernard Le Blanc, 1. Februar 1736, Voltaire, Correspondence, Vol. V, Brief 965, S. 33; Voltaire an Thieriot, Cirey, 3. November 1735, Correspondence, Vol. IV, Brief 904, S. 168; Voltaire an Jean Baptiste Nicolas Formont, 27. Juni, 1734, Correspondence, Vol. III, Brief 741, S. 279; siehe auch Hagengruber (Hrsg.): Émilie du Châtelet between Leibniz and Newton, S. 8.

Reimarus kannte die Marquise allerdings nicht, da sie erst nach ihrem Tod veröffentlicht wurde.

Die eigentlichen Hauptwerke der religionskritischen Aufklärer erschienen erst in der zweiten Hälfte des 18. Jahrhunderts, lange nach dem Tod der Marquise du Châtelet im Jahre 1749. Sie war mit ihrer Bibel- und Religionskritik den anderen zeitlich voraus und kann daher als Vordenkerin der Religionskritiker der Aufklärung gelten. Auch Voltaire war mit seinem 1741 uraufgeführten Drama *Le fanatisme ou Mahomet le Prophète* ein Pionier der Religionskritik. Aber seine eigentlichen religionskritischen Werke, beispielsweise die von ihm herausgegebenen Auszüge aus Jean Mesliers[33] atheistischem *Testament*[34], erschienen erst in den 1760er und 1770er Jahren.[35] Mit der radikalen Kirchen-, Religions- und Herrschaftskritik forderte Meslier als erster eine atheistisch-kommunistische Gesellschaft. Weil viele Passagen im Original voll von ätzender Kritik waren, schrieb Voltaire sie um und milderte sie ab.

Unbestritten ist, dass Émilie und Voltaire unermüdlich diskutierten - ohne Zweifel auch über religiöse Fragen.[36] In der Forschung wurde die Frage aufgeworfen, ob nicht Voltaire der Autor der *Examens de la bible* sei. Ira O. Wade hat sich in seinem 1967 veröffentlichen Buch über Voltaire und Émilie du Châtelet detailliert mit der Frage nach der Autorschaft auseinandergesetzt und sieht es

33 Jean Meslier (1664–1729) war ein französischer katholischer Priester und Radikalaufklärer der Frühaufklärung. Er gilt als erster kritischer Denker seit der Antike, der in seiner postum bekanntgewordenen Schrift, dem *Mémoire* (*Testament*), einen revolutionären Atheismus und Materialismus vertritt.

34 „Extraits des sentiments de Jean Meslier" erschien 1762 und stand ab 1765 auf dem Index des Vatikan.

35 Schwarzbach, Examens, S. 106. Pomeau schreibt, dass Voltaire das *Testament* von Meslier bereits 1735 in Cirey erworben habe. Pomeau: La Religion de Voltaire, S. 170.

36 Pomeau: „Ecraser l'Infâme", S. 214 ; Pomeau: La Religion de Voltaire, S. 175.

als unwahrscheinlich an, dass das Werk Voltaire zuzuschreiben ist.[37] 2011 hat der Voltaire-Forscher Bertram Eugene Schwarzbach drei Handschriften der *Examens de la Bible* in der Bibliothek von Troyes, nahe Cirey, entdeckt und eine mit Kommentar versehene kritische Ausgabe vorgelegt. Auch er setzte sich intensiv mit der Verfasserfrage auseinander und kommt zu dem klaren Ergebnis, dass Émilie du Châtelet die Autorin ist.[38] Schwarzbach ist sogar der Ansicht, dass Voltaire den Kommentar nicht vor Émilie du Châtelets Tod 1749 gelesen habe.[39]

---

37 Ira O. Wade: Voltaire and Madame du Châtelet. An Essay on the Intellectual Activity at Cirey. New York 1967, S. 126ff. Bei Wade lautet der Titel entsprechend der älteren Manuskriptversion *Examens de la Genèse*, was irreführend ist, weil alle Kapitel des Alten Testaments abgehandelt werden und nicht nur die Genesis. Er weist auf eine weitere Quelle für die *Examens de la Bible* hin: Thomas Woolston's Six Discourses on the Miracles of Our Saviour, 1727–1729, ebd., S. 115.

38 Gabrielle Émilie Le Tonnelier de Breteuil, marquise Du Châtelet-Lomont: Examens de la Bible. Edités et annotés par Bertram Eugene Schwarzbach. Honoré Champion. Paris 2011, siehe insbesondere das Vorwort; siehe auch Lang: Tischgespräche, NZZ 7.1.2012. Generell besteht bei der Frage nach Autorschaft und Datierung einiger Werke von du Châtelet noch Forschungsbedarf; Reichenberger: Institutions physique, S. 15.

39 Bertram Eugene Schwarzbach: Mme du Châtelet, a Heterodox Philosopher reads the Bible, in: Hagengruber (Hrsg.): Époque Émilienne, S. 455–484, hier S. 458.

ALLTAG UND REISEN 1742/43

Am 22. August 1742 reisten Émilie und Voltaire in Richtung Brüssel mit Zwischenstopp in Reims, wo sie einige Schauspiele, Bälle und Diners besuchten. Émilie blühte auf, wie Voltaire in einem Brief an Madame du Champbonin aus Reims schreibt: „Wir sind nun in der Stadt des St. Ampoule. Ich versichere Ihnen, dass Madame la Marquise du Châtelet nie liebenswerter war. Sie verzaubert ganz Reims. [...] Nie hat sie schöner auf einem Ball getanzt, nie hat sie schöner zum Souper gesungen.[1] An d'Argental bemerkte er allerdings: „der Teufel, der über mein Leben verfügt, hat mich nach Brüssel geschickt [...] Madame du Châtelet verliert ihr Geld und ihre Zeit an einen Prozess, der erst in der 4. oder 5. Generation entschieden sein wird.[2]

Am 2. September kamen sie dann in Brüssel an. Von Brüssel aus unternahmen sie viele Fahrten, um Einladungen in der Nähe nachzugehen, z.B. zu Diners in Braine-le-Compte, Bouchin oder in Péronne. Zudem fuhren sie zu Soupers in Mons, Valenciennes, Cambrai oder Metz. Zuweilen blieben sie auch über Nacht und buchten sich Zimmer, so z.B. in Miécours.[3]

---

1 Voltaire an Mme du Champbonin, Reims, August 1742, Voltaire, Correspondence, Vol. XII, Brief 2473, S. 95

2 Voltaire an d'Argental, aus Paris, 22. August 1742, Voltaire, Correspondence, Vol. XII, Brief 2471, S. 92

3 15. Dezember 1742, Rechnung über 48 Livres 8 sols für Essen und Übernachtungen, Fahrten von Brüssel, ADHM 100 J 479.

Die Ablehnung von *Jules César* durch die Zensur löste eine Verstimmung zwischen dem Paar aus. Voltaire plante, zu Friedrich nach Potsdam zu reisen, was Émilie erschrak. Wieder erstarkte eine regelrechte Eifersucht gegenüber dem König von Preußen. Sie setzte sich daher dafür ein, dass *Jules César* doch noch zur Aufführung kam, was Voltaire in Paris halten würde.[4] Hinter dem Verbot von *César* steckte aber ein Komplott zwischen Voltaire und dem Hof von Versailles. Denn Voltaire sollte in dessen Auftrag Friedrich ausspionieren. Das Verbot der Tragödie sollte nur vom Verdacht ablenken. Friedrich schien dies aber nicht verborgen geblieben zu sein, denn er hatte seine Agenten wiederum nach Paris geschickt.[5]

Im Herbst 1742 beschäftigte die Marquise zudem die Verheiratung ihrer Tochter. Am 3. Oktober 1742 erwähnte Émilie in einem Brief an d'Argental die geplante Hochzeit ihrer Tochter.[6] Die Feierlichkeiten schienen sich noch hinzuziehen, denn erst im folgenden Frühjahr, in einem Brief vom 15. April 1743, lud sie die Comtesse de la Neuville, die in Vassi en Champagne lebte, zur Hochzeit ein. Der Gatte ihrer Tochter war der Duc de Montenero Carafa. Über ihren Mann schrieb sie, dass er den ganzen Winter über in Bayern verbracht habe.[7]

Im Oktober 1743 wurde die Beziehung zwischen Voltaire und Émilie wiederum stark durch seine Abwesenheit belastet. Seit acht Tagen befinde sie sich in einer starken Verzweiflung, wie sie am 15. Oktober 1743 an d'Argental aus Brüssel klagte. Sie wisse nicht, „warum sie noch nicht gestorben ist". Gerade vier Wörter habe sie von Voltaire seit dem 28. September empfangen, als er durch Hall gereist sei. „Ich glaube, es ist unmöglich, zärtlicher zu lieben und

4 Orieux: Voltaire, S. 300f.

5 Pleschinski, Briefwechsel, S. 302.

6 Besterman, Bd. 2, S. 89, Nr. 295; Correspondance d'Émilie Du Châtelet, Kölving/Brown, Lettre 392, Bd. 2, S. 106f.

7 Besterman, Bd. 2, S. 94, Nr. 299; Correspondance d'Émilie Du Châtelet, Kölving/Brown, Lettre 401, Bd. 2, S. 122.

zugleich unglücklicher zu sein." Obwohl er ihr versprochen hatte, dass er nicht länger nach Berlin reisen würde, als er es 1740 getan habe, es waren nicht mehr als zehn Tage, so war er doch wieder nach Bayreuth gereist und dieses Mal 15 Tage, und zwar ohne den König und ohne ihr eine einzige Zeile zu schreiben. Anschließend fuhr er nach Berlin und verbrachte dort weitere 15 Tage. „Und was weiß ich, vielleicht verbringt er dort sein ganzes weiteres Leben, dabei hat er doch einiges in Paris zu erledigen." Wiederum verzweifelte sie. Sie sei voller Eifersucht und könnte vor Schmerz sterben, wie sie an den Freund schreibt.[8] Der Freund wurde wiederum um Hilfe gebeten: Er solle Voltaire berichten, wie unglücklich sie in dessen Abwesenheit sei.[9] Erleichtert konnte sie Cideville dann Anfang Dezember Voltaires Rückkehr ankündigen. Nach einer angenehmen Reise habe man ihm hier einen Empfang bereitet.[10]

1742/43 nahm sich Émilie viel Zeit für Sprach- und Mathematikunterricht, wie zahlreiche Rechnungen zeigen. Neben Deutschstunden fand sich auch Latein auf dem privaten Lehrplan.[11] Der Mathematiklehrer stand zudem für Louis Marie Florent und seine Schwester zur Verfügung.[12] Diese wurde darüber hinaus zur Vorbe-

---

8 Besterman, Bd. 2, S. 102f., Nr. 310; Correspondance d'Émilie Du Châtelet, Kölving/Brown, Lettre 421, Bd. 2, S. 139.

9 An d'Argental, Lisle, 13.11.1742, Besterman, Bd. 2, S. 107, Nr. 313.

10 Besterman, Bd. 2, S. 108, Nr. 314; Correspondance d'Émilie Du Châtelet, Kölving/Brown, Lettre 426, Bd. 2, S. 146.

11 30. August 1742: Quittung über 36 Livres für einen Monat Deutschunterricht an die Marquise in Paris, ebenso am 11. Oktober 1742. ADHM 100 J 479. 24. September 1742, Quittung über 36 Livres aus den Händen von Bonardière für Mathematikunterricht. ADHM 100 J 479. 15. Juni 1743 über 30 Livres über Bonardière für zehn Stunden Mathematikunterricht an die Marquise. ADHM 100 J 481. Quittung über 120 Livres für fünf Monate Lateinunterricht an die Marquise. 14. November 1742, ADHM 100 J 481.

12 Eine Quittung über 36 Livres für Mathematikunterricht an den Grafen du Châtelet (Sohn) in Paris, 24. September (1742), über Bonardière, ADHM 100 J 479. Quittung von Darmancourt für den Erhalt von

reitung ihrer Verheiratung in Italienisch unterrichtet.[13] Aber auch das gesellschaftliche Leben lockte unermüdlich. Immer wieder standen Einladungen zu Diners und Soupers auf dem Tagesplan, sei es in Le Mans oder in Versailles.[14]

Im Frühjahr 1743 war Émilie damit beschäftigt, das neue Haus in Paris einzurichten. Von 1742 bis 1745 lebte sie mit Voltaire in dem Haus im Faubourg Saint-Honoré, direkt neben dem Hôtel de Charost, nahe dem Palais de l'Élysée. Zahlreiche Rechnungen zeigen, dass die neuen Bewohner, das Ehepaar du Châtelet und Voltaire, keine Kosten für die Renovierung und Einrichtung scheuten. Sie ließen Tapisserien und Sessel herrichten, kauften neue Möbel und Stoffe. Auch waren aufwendigere Instandsetzungsarbeiten notwendig wie das Ausbessern der Schornsteine, die so stark rauchten, dass man in ihnen kein Feuer machen konnte.[15] Bei diesem Anwesen, dem ehemaligen Hôtel d'Aguesseau de Valjouan[16], handelte es sich entsprechend der Beschreibung im Kaufvertrag von 1719 um drei Häuser mit jeweils drei Etagen, zwei großen und zwei kleinen

---

48 Livres über Bonardière für Mathematikunterricht an Mademoiselle du Châtelet in Paris, 6. April 1743. ADHM 100 J 481.

13 17. November 1742, Quittung über den Erhalt von 72 Livres für drei Monate Italienischunterricht für Mademoiselle du Châtelet (Tochter) in Paris, vom 14. August bis 14. November; von Sapieni. ADHM 100 J 481.

14 Rechnung für mehrere Positionen Übernachtung, Diner, Souper in Le Mans. Vgl. auch Memoir von D'Antoine vom 23. Juli 1743: verschiedene Positionen, wie eine Fahrt von Versailles, Diners, Soupers, u.a. für die Duchesse du Luxembourg, ADHM 100 J 479.

15 Memoir für das Anfertigen von Tapisserien und Herrichten von Sesseln und Kanapees in dem Pariser Haus für Mme du Châtelet, am 18. Mai 1743, ADHM 100 J 481; 29. April 1743, Memoir für das Renovieren bzw. Reparieren von fünf Schornsteinen, die zu stark rauchen, sodass man kein Feuer machen kann. (Paris), ADHM 100 J 481, 4. März 1743, Memoir für eine Möbellieferung in das Haus in Paris im Faubourg Saint-Honoré. ADHM 100 J 481 (und weitere Rechnungen).

16 Benannt nach dem Besitzer, dem Bruder des Kanzlers d'Aguesseau, Josephe-Antoine d'Aguesseau de Valjouan.

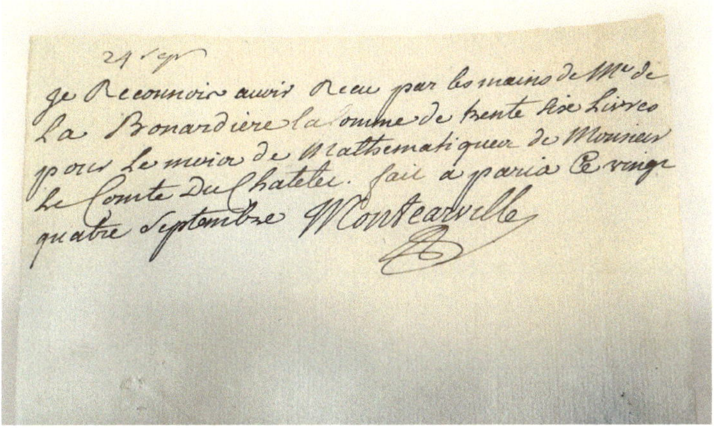
24 · yr

Je Reconnois avoir Recu par les mains de Mlle de la Bonardiere la somme de trente six Livres pour le mois de Matthematiquer de Monsieur le Comte Du Chatelet. fait a paris Ce vingt quatre Septembre Montcarville

Abb. 11: Rechnung über Mathematikunterricht für den Sohn Louis Marie Florent

Treppen, einem Pferdestall im rechtsgelegenen Flügel, einem Hof zwischen den Gebäuden und einem von Mauern umschlossenen Garten sowie einem offenen Garten, der an die Champs-Élysées anschloss.[17] Auch in diesem Pariser Domizil brauchte es Platz für die Familie und Bediensteten; so lebten dort neben Émilie und Voltaire Sohn Louis Marie Florent und Tochter Gabrielle Pauline, Linant, der Lehrer, und dessen Lakai, eine Gouvernante, Bonardière sowie etwa zehn weitere Bedienstete. Der Marquis war zu dieser Zeit an der Front im Österreichischen Erbfolgekrieg.[18]

---

17 Andrew Brown/Ulla Kölving: Les Du Châtelet et Voltaire dans la rue du Faubourg Saint-Honoré, 1742–1745, in: Cahiers Voltaire 23, Revue annuelle de la Société Voltaire, Ferney Voltaire 2025, S. 85–100, hier S. 91.

18 Ebd., S. 93f.

DAS GLÜCK IN DER THEORIE – *DISCOURS SUR LE BONHEUR*

Nach den naturphilosophischen Arbeiten und ihrer ersten Anerkennung als ernstzunehmende Intellektuelle widmete sich die Marquise einer ganz anderen Art von gedanklicher Arbeit, die stark autobiographisch geprägt war, aber auch ganz im Zeichen des Rationalismus der frühen Aufklärung steht: dem *Discours sur le bonheur* – die *Rede vom Glück*. Es gibt Überlegungen, dass Émilie in verschiedenen Phasen an dem Diskurs über das Glück arbeitete. Begonnen hatte sie damit wohl bereits Ende der 1730er Jahre. Sie setzte die Arbeit in den 1740ern fort und beendete sie schließlich 1748, zur Zeit ihrer Liebesaffäre mit Saint-Lambert. Zwischendurch hatte sie die Arbeit immer wieder niedergelegt, weil andere Projekte Vorrang hatten.[1] Die Arbeit am *Discours* fällt auf jeden Fall in die Mitte der 1740er Jahre, und damit in eine Zeit, die nicht mehr von gleicher Verzauberung geprägt war wie die ersten gemeinsamen Jahre mit Voltaire in Cirey zehn Jahre zuvor. Émilie und Voltaire lebten nun schon etliche Jahre zusammen und ihre Beziehung war damit auch stärker von Alltag und Routine geprägt als zu Beginn. In dieser Zeit erfolgte die Abkühlung zwischen beiden durch die Hinwendung Voltaires zu seiner Nichte Madame Denis. Das Werk

1 Émilie du Châtelet: Discours sur le bonheur, hrsg. von Judith Zinsser. Selected Philosophical and Scientific Writings, S. 345. Für den Beginn in den 1730er Jahren gibt es keinen Hinweis oder Beleg.

markiert somit auch einen Wendepunkt im Leben der Marquise.[2]

So ist der *Discours* eine persönliche Schrift, in der die Autorin u.a. den Verlust des geliebten Mannes verarbeitet. Inwieweit sie sich mit Glückstheorien anderer Schriftsteller oder Philosophen auseinandersetzte, ist fraglich. So gibt es keinen Hinweis auf die Schrift *Discours sur le Bonheur – L'Anti Sénèque* von Julien Offray de La Mettrie, die 1748 in Potsdam erschienen ist. Im Jahr zuvor hatte de La Mettrie in seiner Wiederauflage seines *Traité de l'âme* einen Brief an Madame du Châtelet publiziert.[3]

Das Manuskript – zu der Zeit lautete der Titel *Reflexions sur le bonheur* – gelangte nach dem Tod der Marquise in die Hände von Saint-Lambert. Dieser bewahrte es einige Jahre auf, sprach lediglich mit wenigen darüber, etwa mit Diderot. Schließlich gelangte es im Juni 1764 in den Besitz des Verlegers Jean-Baptiste Suard. Am 24. Dezember (1764) schrieb Saint-Lambert an Suard, dass er von einer Veröffentlichung absehen solle. Die Erinnerung an die Marquise solle nicht beschmutzt werden, da sie im Text offen über ihre Liebe zu Voltaire schrieb. Er wollte wohl auch nicht das Missfallen Voltaires erregen, der an einer Publikation Anstoß nehmen könnte.[4]

Die erste Ausgabe erschien erst 13 Jahre später im Jahr 1779 unter dem heute verbreiteten Titel *Discours sur le bonheur*. Sie blieb relativ unbeachtet und es fanden sich kaum Rezensionen in den bekannten Journalen.[5] 1796 erschien dann eine zweite Ausgabe, diesmal unter dem Titel *Reflexions sur le bonheur*. Diese von Suard herausgegebene Edition war ein Sammelwerk mit Schriften anderer Autoren der Aufklärung wie z.B. *L'entretiens d'un philosophe avec la Maréchale* oder dem *Supplément au voyage de Bougainville* von Diderot oder *Du bonheur des sots* von Jacques Necker. Saint-Lambert war

---

2 Émilie du Châtelet: Discours sur le bonheur, hrsg. von Robert Mauzi, S. LXII. Reinhardt: Voltaire, S. 265.

3 Mauzi: Discours, S. Cf.

4 Mauzi: Discours, S. CXff.

5 Mauzi: Discours, S. CXV und CXVIII.

zu dieser Zeit 80 Jahre alt. Ob er sein Einverständnis gab, ist nicht bekannt. Émilies Sohn, Louis Marie Florent, der Duc du Châtelet, war drei Jahre zuvor, 1793 unter der Guillotine ermordet worden.[6]

Der *Discours sur le bonheur* steht in der Tradition moralischer Schriften der frühen Aufklärung. Mit dem Plädoyer für die gemäßigten Leidenschaften und den Genuss am Leben knüpft die Autorin an einen modernen Epikureismus an. Der Marquise ging es dabei um den inneren Frieden und die Selbstzufriedenheit eines jeden. Der *Discours sur le bonheur* kann daher auch als ein Handbuch zum guten Leben und als eine Abhandlung zur menschlichen Natur gelten.[7]

Die Marquise beklagt zu Beginn ihrer Schrift, dass das Glück für viele Menschen nur schwer zu erlangen sei. Sie sieht einen Grund darin, dass die Menschen zu wenig nach einem Plan leben: „Es wäre jedoch einfacher, glücklich zu werden, wenn die Menschen ihren Handlungen Überlegungen und einen Plan für die Lebensführung vorausgehen ließen. So werden wir von den Umständen mitgerissen und geben uns Hoffnungen hin, die stets nur halb einlösen, was wir uns von ihnen versprochen haben: kurz, die Mittel und Wege, um glücklich zu werden, erkennt man erst, wenn Alter und selbstauferlegte Zügel uns Hindernisse in den Weg legen."[8] Sie plädiert für einen rationalen Zugang zum Leben und den Mut, sich gegen fremde Einflüsse zu wehren. Um Glück zu empfinden, sind aber auch noch andere Voraussetzungen notwendig. So sollte man sich von Vorurteilen befreien, tugendhaft und gesund sein, Geschmack und Leidenschaften sowie die Fähigkeit zur Illusion besitzen. Denn wir verdanken die meisten unserer Vergnügen den Illusionen, wie die Marquise meinte. Unglücklich ist derjenige, der sie verloren hat.[9]

---

6 Ebd., S. CXIX.

7 Ebd., S. VXXXVf.

8 Madame du Châtelet: Rede vom Glück. Discours sur le bonheur, aus dem Französischen und hrsg. von Iris Röbling. Berlin 1999, S. 17.

9 Châtelet: Rede vom Glück, S. 18.

Einen Anklang an Epikur und eine Kritik am Moralismus zeigt sich in ihrer Schrift, wenn sie schreibt, dass das Glück mit der Überzeugung beginnt, dass uns nichts im Leben bleibt, als uns Wohlgefühl und Wohlempfinden hinzugeben. Die Moralisten, die andere dazu anhalten, die Leidenschaften zu zügeln und Herr über die eigenen Bedürfnisse zu sein, verstehen nichts vom Glück. Denn der Mensch ist nur glücklich, wenn Geschmack und Leidenschaften befriedigt sind.[10] Ihren potenziellen Kritikern nimmt sie sogleich das Wort aus dem Mund: „Aber, ließe sich entgegnen, stürzen die Leidenschaften nicht mehr Menschen ins Unglück, als sie andere glücklich machen? Ich habe nicht die richtige Waage, um alles in allem das Gute und das Böse gegeneinander abzuwägen, das sie den Menschen eingetragen haben." Aber wir hören mehr von den Unglücklichen, so die Marquise, weil diese die Menschen brauchen und von ihrem Unglück erzählen, da sie in diesen Erzählungen Rettung und Erleichterung empfinden. Glückliche Menschen dagegen suchen nichts und demonstrieren anderen gegenüber nichts von ihrem Glück. Die Unglücklichen sind interessant, die Glücklichen kennen wir nicht.[11] Aber wenn man auch annimmt, dass die Leidenschaften für das Unglück verantwortlich sind, so sind sie dennoch eine notwendige Grundlage für Freude und Vergnügen. Das Leben ist nur der Mühe wert, wenn wir schöne Eindrücke und Wohlgefühle erleben, und je stärker diese sind, desto glücklicher ist der Mensch. Daher ist es für die Autorin erstrebenswert, leidenschaftlich zu sein. Nochmals betont sie: Leidenschaften kommen nicht, wenn man danach ruft. Es liegt an uns, sie unserem Glück dienlich zu machen. Wer immer es schafft, das Beste aus seinem Leben und aus seinen Umständen zu machen, dem es gelingt, Verstand und Herz in einem friedlichen Zustand zu halten, und der empfänglich ist für alle angenehmen Gefühle und sinnlichen Genüsse, der ist wahrlich ein her-

10 Ebd., S. 18f.
11 Ebd., S. 19.

ausragender Philosoph und sollte der Natur danken.[12] Die Marquise sieht klar die Eigenverantwortlichkeit des Menschen für sein Glück. Er muss das Beste aus seiner Situation machen, ist nicht abhängig von Schicksal oder Gott, sondern kann allein dafür sorgen, dass er Glück empfindet.

Dass diese Einsicht hinsichtlich der sozialen Unterschiede nicht Stand hält, räumt die Autorin sogleich ein. Denn sie schreibt wenig später: „Es ist nicht mein Ziel, für alle Arten der sozialen Ränge und alle Gattungen von Menschen zu schreiben. Alle Klassen sind nicht gleichermaßen empfänglich für dieselbe Art von Glück. Ich schreibe nur für die Menschen, die bereits mit einem gewissen Glück gesegnet sind, mehr oder weniger vornehm, mehr oder weniger wohlhabend, solche die ihren Status ohne Scham erhalten können; aber hier handelt es sich um Menschen, die nicht unbedingt die Glücklichsten sind."[13] Ihre Schrift richtete sich demnach an die Angehörigen ihres Standes. Es war ihr bewusst, dass Menschen niedrigeren Standes nicht die gleichen Voraussetzungen für Glück haben, wie sie es beschrieb. Aber jeder Mensch ist natürlich eines Glücksempfindens fähig. Denn wenn wir gesund geboren wurden und unsere Körper eine gewisse Zeit am Leben sind, so gibt es keinen Zweifel daran, dass Glücksempfinden für uns möglich ist, vorausgesetzt, dass wir unsere Gesundheit nicht durch Völlerei, Übernächtigung und Ausschweifungen, kurz durch Exzesse, zerstören. Ausgenommen sind die gewaltvollen Tode, die niemand vorhersehen kann und über die es keinen Sinn macht, nachzudenken.[14] Wir sind also alle in der Regel mit einer gewissen Lebenszeit beschenkt, die wiederum Voraussetzung für das Erleben von Glück ist.

Eines der größten Vergnügen, das für die Marquise Glück auslöst, ist der kulinarische Genuss, die Leidenschaft für gutes Essen. Am Beispiel des Essens erklärt sie, wie man verantwortlich mit den Lei-

12 Ebd., S. 20f.
13 Ebd., S. 21f.
14 Ebd., S. 22.

denschaften umgehen kann - nicht im Übermaß, sondern nur so viel verzehren, wie es einem gut bekommt, ansonsten ist kein Glück damit verbunden. Aufgrund des Übermaßes am Essen, im schlimmsten Fall der Völlerei, wie es beim höfischen Leben zur guten Sitte gehört, empfiehlt sie: öfters zu Hause zu bleiben und von den eigenen Bediensteten das auftragen zu lassen, was man gerne isst. Am besten ist es, dann und wann Diät zu halten, was sie selbst befolgt hat.[15] Dass dies nicht nur gute Ratschläge waren, sondern sie sich selbst daran hielt, beweisen Einkaufslisten aus den 1730er und 1740er Jahren. Keine großen Fleischmengen standen auf dem Speiseplan, wie es bei höfischen Diners üblich war, sondern lediglich ein wenig Geflügel, Huhn oder Taube. Dafür finden sich vor allem immer wieder Salat, Obst, Eier, Artischocken oder Olivenöl auf den Einkaufslisten.[16]

Fernand Braudel beschreibt in seiner Sozialgeschichte des 15. bis 18. Jahrhunderts, wie viel Kilogramm Fleisch üblicherweise an französischen Höfen des Ancien Regime verzehrt wurde.[17] Auch auf den Tafeln kleinerer deutscher Fürstenhöfe im 18. Jahrhundert war es die Regel, sieben Fleischgänge im Rahmen eines zwölfgängigen Diners zu servieren.[18] Émilie weiß sich klug gegen die damit verbundenen Risiken zu wehren. So betrachtet sie sich selbst kritisch: „Ich bin von guter Konstitution, aber ich bin nicht robust und es gibt einige Dinge, die meine Gesundheit gefährden. Das sind z.B. Wein und alle Liköre. Ich habe sie mir von frühester Jugend an verboten. Ich habe ein feuriges Temperament und daher verbringe ich jeden Morgen damit, es in Flüssigkeiten förmlich zu ertränken." Sie ließ sich zwar oft vom Genuss guten Essens verführen; diesen Exzes-

15 Ebd., S. 25.

16 ADHM 100 J 472

17 Fernand Braudel: Sozialgeschichte des 15.–18. Jahrhunderts. Der Alltag. München 1990, S. 193.

18 Ein Beispiel liefert der Hof von Kraft Ernst zu Oettingen-Wallerstein im 18. Jahrhundert, FÖWAH VIII, 14-1c/46.

sen begegnete sie aber beim ersten Anzeichen von Unwohlsein mit rigorosen Diäten, die sie jedes Mal vor schlimmeren Krankheiten bewahrten.[19] Sich den Leidenschaften hinzugeben, aber mit Kontrolle, das Kalkül des Vergnügens – dies ist ein zentrales Thema des Epikureismus, das die Marquise im *Discours* aufgreift und diskutiert. Ein Vergnügen ist legitim, wenn es „rein" ist, d.h., kein Leiden nach sich zieht. Also das gemäßigte kulinarische Vergnügen oder der kontrollierte Genuss von Wein und anderen Alkoholsorten. Das Kalkül des Vergnügens ist auch Thema der Schriften von Epikur. In seiner Lehre hat Epikur (341–270 v. Chr.) die Bedürfnisregulierung mit dem Zweck der Lustmaximierung entwickelt. Das Leben ist auf eine radikale Diesseitigkeit ausgerichtet, nicht das ewige Leben nach dem Tod, sondern die vollendete Seelenruhe (Ataraxie) zu Lebzeiten des Menschen ist das oberste zu erreichende Ziel. Quell aller Sinnesfreuden sind also die leiblichen Bedürfnisse, aber nicht im Übermaß. Die Marquise ist überzeugt, dass ein mittelmäßiges Vermögen mehr Vergnügen erlaubt als völliger Überfluss. Eine Dose, eine Porzellanfigur oder ein neues Möbelstück sind für sie wirkliche Freuden: „[…] doch wenn ich dreißig Dosen hätte, würde ich die einunddreißigste kaum noch bemerken. Unsere Neigungen stumpfen durch Sättigung leicht ab, und wir müssen Gott danken, daß er uns die notwendigen Entbehrungen gab, um sie uns zu erhalten."[20]

In ihrem *Discours sur le bonheur* unterscheidet sie aber auch zwischen schlechten und guten Leidenschaften. Zu den ersteren zählen Laster wie Hass, Rachsucht oder Wut. Auch den Ehrgeiz hält sie für eine Leidenschaft, „vor der man seine Seele bewahren sollte", wenn man glücklich sein will - nicht deshalb, weil er keine Lust mit sich bringt, sondern weil der Ehrgeiz niemals aufhört zu begehren. Das Begehren ist für die Autorin kein erstrebenswertes Gut, weil es von allen Leidenschaften unser Glück am stärksten in die Abhängigkeit

19 Châtelet: Rede vom Glück, S. 25.

20 Ebd., S. 44.

von anderen stellt. Je weniger unser Glück von anderen abhängt, desto leichter gelingt es uns, glücklich zu sein.[21]

Aufschlussreich ist es, dass die Freiheit von Vorurteilen für sie eine zentrale Rolle für ein geglücktes Leben spielt. Denn eine weitere Quelle des Glücks ist für die Marquise, von Vorurteilen frei zu sein, und es liege nur an uns, sie abzulegen: „Wir alle haben die nötige Portion Verstand, um die Dinge, die man uns glauben machen will, zu überprüfen. […] im Übrigen fehlt es in unserem Jahrhundert nicht an Mitteln, sich zu unterrichten. Ich weiß, dass es andere Vorurteile gibt als die der Religion, und ich glaube, es ist sehr gut, auch sie abzuschütteln, obwohl keines unser Glück und unser Unglück so sehr beeinflußt wie das der Religion. Ein Vorurteil ist eine Meinung, die man ungeprüft übernommen hat, die sich sonst nicht halten ließe. Der Irrtum kann nie etwas Gutes sein, und in den Dingen, von denen die Lebensführung abhängt, ist er sogar ein großes Übel."[22] Diese Sätze sind ein Plädoyer für selbstständiges Denken, für den Gebrauch des eigenen Verstandes, wie es Kant mit seinem berühmten Satz „Habe Mut, dich deines eigenen Verstandes zu bedienen!" verlangt. Zudem findet sich hier ein Anklang von Religionskritik, da für sie die Ausübung der Religion stark mit Vorurteilen verbunden ist. Die ungeprüfte Annahme vorgefertigter Meinungen verhindert die gute und richtige Lebensführung, die zum Glück führt. Hieran schließt sich konsequenterweise die Aufforderung zu einer tugendhaften Lebensführung, wir müssen tugendhaft sein, weil wir nicht lasterhaft und zugleich glücklich sein können: „Unter Tugend verstehe ich alles, was zum Glück der Gesellschaft beiträgt und infolgedessen zu dem unsrigen, denn wir sind Mitglieder der Gesellschaft."[23] Mit diesen beiden Idealen der Aufklärungsphilosophie – Vorurteilsfreiheit und Tugendhaftigkeit als Bestandteil des Weges zum Glück – zeigt die Marquise, wie stark

---

21 Ebd., S. 35f.

22 Ebd., S. 26f.

23 Ebd., S. 27.

ihr Denken in der Aufklärung verwurzelt ist. Glück ist immer auch gebunden an ein verantwortungsvolles Leben und nicht frei von Bewusstsein für die gesellschaftlichen Belange.

In einem weiteren Argumentationsstrang geht es ihr um ein ganz anderes Thema: nämlich der Illusion und damit der Frage nach der Erweiterung von realen Erlebnissen. „Schließlich sage ich, muß man, um glücklich zu sein, empfänglich sein für Illusionen, und das bedarf kaum eines Beweises; aber, werden Sie einwenden, Sie haben gesagt, der Irrtum sei immer schädlich: Ist denn die Illusion nicht auch ein Irrtum? Nein: in Wahrheit läßt uns die Illusion die Dinge nicht ganz so sehen, wie sie wohl sein müssen, sie paßt sie uns unserer Natur an, um sie unseren Empfindungen angenehm zu machen." So bringt sie das Beispiel der optischen Täuschungen: „[...] die Optik täuscht uns nicht, obwohl sie uns die Dinge nicht so sehen läßt, wie sie sind, sondern so, wie es zu unserem Nutzen notwendig ist. Aus welchem Grund lache ich im Marionettentheater mehr als irgendjemand sonst, wenn nicht deshalb, weil ich mich mehr als irgendjemand sonst der Illusion ergebe und nach einer Viertelstunde glaube, es sei tatsächlich Polichinelle, der spricht? Fände man nur einen Moment Vergnügen am Theater, wenn man sich nicht der Illusion hingäbe, die uns Personen zeigt, die wir schon lange tot wissen, und sie in Alexandrinern sprechen läßt?"[24] Doch die Illusion steckt in allen Freuden unseres Lebens, sie ist dessen Firnis, wie die Marquise meint. Zum möglichen Einwand, dass sie nicht von uns abhängt, erklärt sie, dass dies ebenso bei den Neigungen und Leidenschaften der Fall sei, man könne sich selbst keine Illusionen einflößen. Doch man kann sich die Illusionen bewahren, die man hat; man kann versuchen, sie nicht zu zerstören. Man kann darauf verzichten, „hinter die Kulissen zu schauen, um die Räder zu betrachten, mit deren Hilfe Flüge vorgetäuscht werden, sowie all die anderen Mechanismen: das ist die ganze Kunst, die man daran setzen

24 Ebd., S. 31.

kann, und diese Kunst ist weder unnütz noch fruchtlos".[25] Eine weitere Bedingung für Glück ist ihrem Ermessen nach, dass Menschen bewusst handeln, wozu allerdings nur die wenigsten fähig sind. Ohne diese Fähigkeit aber bleibt alles im Ungewissen: Man zerstört am Morgen, was man am Abend vollbracht hat; man bringt das ganze Leben damit zu, Dummheiten zu begehen, wieder gutzumachen, zu bereuen.[26] Darüber hinaus rät die Marquise davon ab, sich belastenden Vorstellungen hinzugeben wie solche an den Tod. Diese Vorstellung betrübe uns, wenn wir z.B. an den eigenen oder an den geliebter Menschen denken. Wir müssen also mit größter Sorgfalt alles vermeiden, was uns an den Tod erinnern könnte. „Ich bin ganz anderer Meinung als Montaigne, der sich glücklich schätzte, mit dem Gedanken an den Tod so vertraut zu sein, daß er sicher war, ihn auch aus der Nähe gelassen betrachten zu können. Man sieht an der Selbstgefälligkeit, mit der er von diesem Sieg berichtet, daß er ihn viel gekostet hat, und darin hat sich der weise Montaigne verrechnet: denn fraglos ist es eine Torheit, sich mit dieser traurigen und demütigenden Vorstellung einen Teil der kurzen Zeit zu vergiften, die wir zu leben haben, um einen einzigen Augenblick geduldiger zu ertragen, den die Schmerzen des Leibes stets bitter machen, all unserer Philosophie zum Trotz."[27]

Aus ihrem Ideal der Unabhängigkeit ist die Liebe zur Wissenschaft für sie unter allen Leidenschaften diejenige, die am meisten zum Glück beiträgt. Denn die Wissenschaft schließe ein Streben ein, von dem keiner ganz frei ist: dem nach Ruhm. Den Frauen bleibe die Wissenschaft als einzige Möglichkeit, Ruhm zu erlangen, wenn es ihnen nicht durch die Erziehung unmöglich gemacht wird.[28] Die Männer dagegen hätten unendlich viele Quellen dieser Art von Glück. So können sie sich in den Dienst des Landes stellen – sei

25 Ebd., S. 32.
26 Ebd., S. 32f.
27 Ebd., S. 34f.
28 Ebd., S. 36f.

es im Krieg oder im Staatsdienst. Die Frauen aber seien aufgrund ihrer gesellschaftlichen Stellung von diesen Arten des Ruhms ausgeschlossen. Nur die Wissenschaft gebe der Frau die Möglichkeit, sich über all die Abhängigkeiten und Ausschlüsse hinwegzutrösten, zu denen sie aufgrund ihrer Lage verdammt sei.[29] Die Marquise zeigt hier einen Feminismus avant la lettre. Sie beklagt die Situation, dass Frauen vom Glück des Ruhms ausgeschlossen sind, da ihnen die Möglichkeiten der Männer versagt bleiben. Zwar können Frauen sich wissenschaftlichen Studien widmen, wie sie es selbst unternimmt, aber auch dies ist nur in engen Grenzen möglich. Allerdings gründe sich die Liebe zum Ruhm ganz und gar auf Illusion, räumt sie sogleich wiederum kritisch ein: „Es wäre ein Kinderspiel, dieses Gespenst zu entlarven, dem alle hochgesinnten Seelen nachlaufen; aber was hätten sie selbst und die anderen dabei zu verlieren! Ich weiß, daß die Liebe zum Ruhm ein Körnchen Wirklichkeit hat, woran man sich schon zu Lebzeiten erfreuen kann; doch kaum ein Held, auf welchem Gebiet auch immer, wollte ganz auf den Beifall der Nachwelt verzichten […].“[30] Die Liebe zur Wissenschaft ist für die Marquise eine wichtige Basis für das Glück, weil sie einen sicheren Rückhalt gegen das Unglück bildet und ein Quell unerschöpflichen Vergnügens ist. Ihrer Meinung nach sagte Cicero ganz zu Recht: „Die Freuden der Sinne und die des Herzens stehen zweifellos über denen der Wissenschaft; es ist nicht nötig, zu lernen, um glücklich zu sein, vielleicht aber ist es nötig, diesen Rückhalt und diese Stütze in sich zu spüren.“[31]

Eines der großen Geheimnisse des Glücks besteht also darin, seine Wünsche zu mäßigen und zu lieben, was man besitzt. Die Natur, deren Ziel immer unser Glück ist (und unter Natur versteht sie alles, was Instinkt und ohne Vernunft ist), die Natur also gibt uns nur Wünsche, die unserer Lage entsprechen. Von Natur

29 Ebd., S. 37f.
30 Ebd., S. 38.
31 Ebd., S. 40.

aus wünschen wir uns nur das Naheliegende: Ein Hauptmann der Infanterie möchte Oberst werden und ist durchaus nicht unglücklich, keine Armeen zu befehligen, wie sehr er sich auch dafür begabt fühlen mag. An unserem Geist und unserer Vernunft ist es, diese weise Mäßigung der Natur zu festigen. Glücklich ist man nur durch erfüllte Wünsche; also darf man sich nur den Wunsch nach Dingen erlauben, die man ohne allzu viel Anstrengung und Arbeit erreichen kann, und in diesem Punkt vermögen wir viel mehr für unser Glück.[32]

Aber es gibt eine in den Augen der Philosophen auch unvernünftige Leidenschaft, deren Motivation, so unklar sie auch ist, für sich selbst erniedrigend ist: das Spielen. Dies allein müsste ausreichen, uns davon zu heilen, wenn die Leidenschaft für das Spiel uns nicht so glücklich machte. Das Spiel diene aber nur dem Glück, wenn man es zu mäßigen weiß und für die spätere Lebenszeit vorzuhalten vermag.[33] Worin liegt das Glück im Spiel? Unsere Seele will gleichermaßen von Hoffnung oder von Furcht aufgerührt werden, da dies uns unser Dasein spüren lässt. Das Spiel ruft diese beiden Emotionen hervor. Die Marquise spricht hier aus eigener Erfahrung, denn sie war eine leidenschaftliche Spielerin: „Das Vergnügen am Spiel hat mich oft darüber hinweg getröstet, nicht reich zu sein. Ich halte mich selbst für vernünftig genug, daß ein Vermögen, das einem anderen mittelmäßig erschiene, zu meinem Glück ausreichte; in diesem Fall würde das Spiel mir fade."[34]

Neben den gemäßigten Leidenschaften ist der Philosophin die Unabhängigkeit eine der größten Voraussetzungen für ein geglücktes Leben. Aber ihr ist auch bewusst und sie hat es selbst erfahren, dass es eine Leidenschaft gibt, die sie zu den größten zählt, die aber auch in die größte Abhängigkeit führt: die Liebe zu einem anderen Menschen: „Ich habe gesagt, je mehr unser Glück von uns selbst

32 Ebd., S. 41.
33 Ebd., S. 42.
34 Ebd., S. 43.

abhängt, um so gewisser ist es; die Leidenschaft indes, die uns die größte Lust bereiten und uns am glücklichsten machen kann, stellt unser Glück ganz in die Abhängigkeit von anderen: es ist offenbar, daß ich von der Liebe sprechen will."[35] Diese Leidenschaft ist vielleicht die einzige, die es vermag, uns nach dem Leben verlangen zu lassen und uns dazu zu bewegen, dem Schöpfer der Natur, wer es auch sei, für unser Dasein zu danken. Wenn die gegenseitige Zuneigung der zarteste, feinste und der kostbarste unter allen, sich anschickt, zwei Seelen zu vereinen, die gleich empfänglich sind für Glück und Lust, so ist alles gesagt, man braucht nichts weiter zu tun, um glücklich zu sein, alles andere ist gleichgültig: „Man muß alle Fähigkeiten unserer Seele daran setzen, dieses Glück zu genießen; man sollte sterben, wenn man es verliert, und sich ganz sicher sein, daß alle Jahre Nestors nicht eine einzige Viertelstunde solcher Lust aufwiegt."[36] Diese Leidenschaft jedoch führt zu einer Selbstaufgabe; die Liebe dringt an allen Ecken durch; zu Anfang betet man sie an, aber bald stumpfen die Sicherheit, geliebt zu werden, und die Neigungen ab. „So ist das menschliche Herz beschaffen, und man sollte ja nicht glauben, ich spräche so aus Groll: es ist wahr: Gott hat mir eine dieser zärtlichen und unwandelbaren Seelen gegeben, die ihre Leidenschaft weder zu verstellen noch zu mäßigen verstehen, die weder Nachlassen noch Überdruß kennen und deren Beharrlichkeit allem trotzt, sogar der Gewißheit, nicht mehr geliebt zu werden; aber ich war zehn Jahre lang in glücklicher Liebe mit dem verbunden, der meine Seele bezwungen hatte; diese zehn Jahre habe ich Seite an Seite mit ihm verbracht, ohne irgendeinen Anflug von Überdruß oder Langeweile. Als Alter, Krankheiten, ein wenig vielleicht auch die Leichtigkeit, mit der die Lust zu haben war, seine Neigungen minderten, habe ich es lange gar nicht bemerkt; ich liebte für zwei, ich teilte mein ganzes Leben mit ihm, und mein Herz, von trüben Ahnungen verschont, genoß das Vergnügen zu lie-

35 Ebd., S. 44.

36 Ebd., S. 45.

ben und die Illusion, sich geliebt zu glauben. Es stimmt, ich habe diesen so glücklichen Zustand verloren, und es hat mich viele Tränen gekostet."[37] Mit diesen sehr persönlichen Worten schreibt Émilie du Châtelet über das gemeinsame Glück mit Voltaire, das um 1743 brüchig wurde. Ihre auf vielen Ebenen symbiotische Beziehung erlitt eine Zäsur. Beide blieben aber bis zu Émilies Tod freundschaftlich verbunden. Das Erleben des Verlusts an Glück durch die Distanzierung des geliebten Mannes verdeutlicht ihr das Phänomen der Abhängigkeit. Das Glück, das an einem anderen Menschen gebunden ist, kann das höchste sein, steht aber nicht in der eigenen Macht, geht also mit dem Risiko des Verlusts einher, den man nicht verhindern kann. Aus dieser Erfahrung heraus nimmt bei Émilie du Châtelet die unabhängige Leidenschaft, über die der Einzelne die Kontrolle hat, die hohe Stellung ein. So fasst sie abschließend zusammen: „Versuchen wir also, es uns gutgehen zu lassen, keinerlei Vorurteile zu hegen, Leidenschaften zu haben und sie unserem Glück dienlich zu machen, unsere Leidenschaften durch Neigungen zu ersetzen, mit größter Sorgfalt unsere Illusionen zu bewahren, tugendhaft zu sein, niemals zu bereuen, uns von traurigen Vorstellungen fernzuhalten und unserem Herzen nie zu erlauben, auch nur ein Fünkchen Neigung für jemanden zu bewahren, dessen Neigung schwindet und der aufhört, uns zu lieben."[38]

Der *Discours sur le bonheur* von Émilie du Châtelet ist erst 1779 postum erschienen. 1748 erschien eine andere Schrift mit gleichem Titel. Der Autor war der zu der Zeit im preußischen Exil lebende Julien Offray de La Mettrie (1709–1751).[39] Es gibt keine Hinweise, inwieweit die Marquise diese Schrift rezipiert hat, was möglicherweise an der Veröffentlichung in Preußen liegt und daran, dass sie

37 Ebd., S. 48ff.

38 Ebd., S. 57.

39 Julien Offray de La Mettrie: Über das Glück oder Das höchste Gut – Anti-Seneca, hrsg. von Bernd A. Laska. Nürnberg 2004; im Original: *Discours sur le bonheur – L'Anti-Sénèque.*

selbst im Jahr darauf verstorben ist.[40] De La Mettrie musste nicht nur aus Frankreich, sondern auch aus Holland fliehen, aufgrund seiner atheistischen Schriften, insbesondere *L'homme machine*. Auf Vermittlung von Maupertuis, der seit 1746 Präsident der Preußischen Akademie war, erhielt er eine Einladung von Friedrich dem Großen, der die Veröffentlichung unterstützte. Er traf Anfang Februar 1748 auf Schloss Sanssouci ein, wurde Mitglied des „cercle intime" und übernahm Dienste als Leibarzt, Vorleser und Gesellschafter Friedrichs.

Wie der Untertitel *L'Anti-Sénèque* zeigt, setzte sich de La Mettrie mit der antiken Philosophie der Stoa auseinander, deren wichtigster Vertreter Seneca war. So schreibt er zu Beginn, dass er versucht hat, wie die Stoiker zu leben, die Übel zu verringern und sich damit von den Schuldgefühlen zu befreien. Wie Epikur will er die Summe der Güter vergrößern und damit zu den köstlichen Wonnen der Liebe und der Lust ermuntern.[41] Skandalös war damals seine moderne materialistische Auffassung, dass der Mensch von den Triebfedern einer Maschine mit Denkvermögen bestimmt ist, ähnlich wie das Tier, nur mit mehr Intelligenz. Diese Maschine hat einen Willen, der vom Zustand der Nerven abhängt und der sich aufgrund der inneren und äußeren Beweggründe wie eine Fahne im Wind dreht.[42] Der Mensch richtet sich nicht nach der Vernunft aus, sondern nach den Triebfedern dieser Maschine.[43] La Mettrie wendet sich gegen das Ideal der Stoiker, nur ein ruhiges Leben ohne Wünsche und Leidenschaften zu führen. Er will dagegen Freud und Leid empfinden und seinen Empfindungen keine Befehle erteilen. Das höchste Empfinden und höchste Gut ist für ihn die Lust der Liebe.[44] Sehr ähnlich wie

40 Es ist auch nicht klar, inwieweit beide in direktem Kontakt standen, aber de La Mettrie hat in seiner Schrift *L'histoire naturelle de l'âme* aus du Châtelets *Institutions de physique* zitiert: Ann Thomson: Émilie Du Châtelet und La Mettrie, in: Ruth Edith Hagengruber (Hrsg.): Époque Émilienne, S. 377–390, hier S. 382.

41 La Mettrie: Über das Glück, S. 8.

42 Ebd., S. 12.

43 Ebd., S. 15.

44 Ebd., S. 18ff.

du Châtelet argumentiert er, wenn er schreibt, dass alles, was unser angeborenes Streben nach Wohlbefinden fördert, zu den Ursachen unseres Glücks zählt. Die Vergnügungen und Annehmlichkeiten, die niemandem schaden, sollte man sich nicht versagen und erlebten Genuss nicht bereuen.[45] Nicht ohne Kritik blieb seine liberale und unkritische Haltung gegenüber Rausch- und Genussmitteln: Das Opium schafft ihm ein Paradies der Seele, er bedauert es nur, dass das Glück vorübergehend und nicht von Dauer ist.[46] Im Gegensatz zur Marquise stehen für ihn Geist, Wissen und Verstand dem Glück entgegen und sind manchmal sogar schädlich oder tödlich.[47] Auch in der Auffassung, dass die Glückseligkeit nicht erworben werden kann, von unserem Temperament abhängt und äußere Umstände wenig dazu beitragen, weichen beide Autoren voneinander ab.[48]

Beide Abhandlungen zum Glück verweisen teilweise inhaltlich aufeinander, unterscheiden sich aber in vielerlei Hinsicht. La Mettrie besaß die *Institutions de physique* in seiner Bibliothek und widmete seine Werke 1747 der Marquise.[49] In einem anderen, Maupertuis gewidmeten Werk de La Mettries, dem *Lettre Critique de M. de La Mettrie sur L'Histoire naturelle de L'Ame à Mme La Marquise du Châtelet*, distanzierte er sich allerdings von du Châtelets *Institutions de physique* und der Dissertation zum Feuer.[50] De La Mettrie lobte die Autorin aber auch als weise Philosophin, der es zu verdanken sei, das Leibniz zum täglichen Gesprächsstoff in der wissenschaftlichen Welt wurde.[51]

45 Ebd., S. 21f.
46 Ebd., S. 28.
47 Ebd., S. 32.
48 Ebd., S. 92.
49 Ruth Hagengruber sieht Parallelen beider Glücksschriften zu Maupertuis' *Essai de philosophie morale*, Ruth Hagengruber (Hrsg.): Émilie du Châtelet between Leibniz and Newton, S. 6 und 47.
50 Ebd., S. 48.
51 Ebd., S. 49.

EINE ERNSTHAFTE KRISE

Mitte der 1740er Jahre erfuhr die Beziehung zwischen Émilie und Voltaire einen tiefen Einschnitt. Der Schmerz darüber war so groß, dass Émilie du Châtelet ihre Gefühle nicht nur in Briefen an die Freunde ausdrückte, sondern auch in ihrem Essay über das Glück: „Solche Ketten zu sprengen, bedarf es schrecklicher Erschütterungen: die Wunde in meinem Herzen hat lange geblutet; ich hatte Grund, mich zu beklagen, und ich habe alles verziehen. Ich war gerecht genug, einzusehen, daß auf der ganzen Welt vielleicht nur mein Herz solche Unwandelbarkeit besitzt, die die Macht der Zeit verleugnet; und daß, wenn nicht Alter und Krankheiten das Verlangen überhaupt ausgelöscht hätten, es vielleicht noch mir gehörte und die Liebe in mir zurückgebracht hätte; kurz: sein zu Liebe unfähiges Herz hätte mich mit der zärtlichsten Freundschaft geliebt und mir sein Leben geweiht. Das Wissen um die Unwiderbringlichkeit seiner Neigung und seiner Leidenschaft, was, wie ich wohl weiß, nicht in der Natur liegt, hat mein Herz unmerklich zum Gefühl der Freundschaft geführt, und dieses Gefühl, verbunden mit der Leidenschaft für die Wissenschaft, machte mich glücklich genug."[52]

Zu einer ersten Abkühlung war es zwischen dem Paar gekommen, als Voltaire 1743 nach Preußen gereist war und Émilie keinen einzigen Brief schrieb. In einem Brief an d'Argental drückt sie ihren großen Schmerz aus: „Mein Herz ist voller Geschwüre und ich bin

52 Émilie du Châtelet: Rede vom Glück, S. 50.

durchdrungen vom größten Schmerz. [...] Ich habe gedacht, dass ich sterbe."[53] Zu Beginn des Jahres 1744 erfolgte dann eine weitere Krise, die die Stabilität der Beziehung bedrohte. Émilie hatte bei einem Spiel eine hohe Summe an Geld verloren und Voltaire hatte sie daraufhin gebeten, ihm den Vorschuss zurückzuzahlen. Die Korrespondenz zwischen der Marquise und Voltaire ist nicht erhalten, aber in der Edition von Theodore Besterman findet sich interessanterweise ein Brief von Émilie an Voltaire, in dem sie ihn um Geld bittet. Sie bittet ihn um Entschuldigung, dass sie ihm schreibe und nicht mit ihm direkt spreche. Es handelte sich um 50 Louis (d'Or) für den Monat April, zwölfeinhalb Louis für das Spiel; 500 Louis hatte sie an den Marquis du Châtelet geschickt. Im Oktober 1746 kam es abermals zu unguter Stimmung zwischen Voltaire und Émilie wegen hoher Verluste beim Kartenspiel in Fontainebleau. Sie verlor allein am ersten Abend 400 Louis. Voltaire half ihr mit weiteren Summen aus und schließlich verlor sie laut Aufzeichnungen von Longchamp 84.000 Francs beim Spiel in diesen Tagen, worüber Voltaire alles andere als begeistert war.[54]

Anfang 1744 hatte Voltaire sie darüber hinaus in ihrem gemeinsamen Haus mit der Schauspielerin Mademoiselle Gaussin betrogen. Hinzu kam ein weiterer, diesmal entscheidender Eifersuchtsanlass: Im November 1745 soll die Marquise in ihrem neuen Haus in der Pariser Rue Traversière-Saint-Honoré gemäß der Madame de Graffigny ein Paket mit Briefen einer jungen Dame an Voltaire gefunden haben. Bei der jungen Dame handelte es sich um Marie Louise Denis, der 33 Jahre alten und verwitweten Nichte Voltaires.[55]

53 Brief an d'Argental vom 15.10.1743. La Correspondance, hrsg. von Kölving/Brown, Bd. 2, Nr. 421, S. 139; siehe auch Badinter: Émilie, S. 412.

54 Longchamp: Anecdotes, S. 55f.

55 Marie Louise Mignot (1712–1790) war die Tochter von Voltaires Schwester Catherine Arouet. Sie hatte 1738 Nicolas-Charles Denis geheiratet, der 1744 verstarb. Longchamp: Anecdotes, S. 92; siehe auch Zinsser: Daring Genius, S. 245.

Abb. 12: Spielkarten der Marquise du Châtelet

Bereits im April 1745 schrieb Voltaire Briefe an seine Nichte, die auf ein enges Verhältnis beider schließen lassen. Er berichtete ihr über seine Berufung als Hofhistoriograph Frankreichs, der mit dem Titel *Gentilhomme ordinaire*, 2000 Livre und dem Zutritt in das königliche Gemach einherging. Er beteuerte, wie sehr er von ihrer Freundschaft durchdrungen sei und dass ihm dies mehr bedeute als alle höfische Ehre: „Mais je suis plus pénétré de votre amité, ma chère enfant, que de toutes les graces de la cour."[56] Der Kontakt zwischen Voltaire und Madame Denis hatte sich bereits seit 1738 intensiviert. Im Mai 1738 war sie zu Gast in Cirey gewesen und hatte Thieriot über die beiden Gastgeber berichtet, dass Émilie eine Frau von großem Esprit sei und dass sie ein schönes Appartement besäßen. Sie beschreibt das Physikkabinett und das Theater. Und sie schreibt auch, dass Voltaire sie mag. Immer wieder spricht Voltaire sie mit „ma chère enfant" an, so in einem Brief vom 15. März 1740, in

56 Voltaire an Marie Louise Denis, 3. April 1745 ; Voltaire, Correspondence, Vol. XIV, Brief 2870, S. 118.

dem er ihr über Berlin und Friedrich berichtete.[57] Es scheint offensichtlich, dass Voltaire spätestens seit 1746 mit seiner Nichte flirtete und da bereits ihr Liebhaber war.[58] Unter der emotionalen Krise litt auch die Leistungsfähigkeit der Marquise. In den letzten Monaten des Jahres 1745 legte du Châtelet ihre Übersetzung und den Kommentar zu Newton zur Seite. Gegenüber Bernoulli schrieb sie im Januar 1746, dass es ihr sehr viel Disziplin abfordere, sich ihrem Werk zu widmen. Sie sei zu stark mit Familienangelegenheiten beschäftigt.[59]

Trotz des tiefen Einschnitts in die einstige intensive und synergetische Beziehung zwischen Voltaire und Émilie blieben beide weiterhin eng verbunden. In dieser Zeit erfuhr ihr Zusammenleben eine große Wandlung, die einstige Liebesbeziehung entwickelte sich zur Freundschaft, die durch ein neues gemeinsames Haus in Paris weiterhin besiegelt wurde, aber auch durch gemeinsames Einstehen füreinander.

So reisten Émilie und Voltaire zusammen mit Louis Marie Florent im April 1745 nach Châlons wegen einer besonderen ärztlichen Behandlung ihres Sohnes, der die Pocken hatte. Voltaire beklagt sich über die Ohnmacht gegenüber den Ärzten und deren Ignoranz.[60]

Im August 1745 waren dann beide in ihrem neuen Haus in der Rue Traversière-Saint-Honoré in Paris eingezogen. Voltaire ging

57 Marie Louise Denis an Thieriot, Landau, 10. Mai 1738, Voltaire, Correspondence, Vol. VII, Brief 1435, S. 168. Voltaire an Marie Louise Denis, 15. März 1740, Voltaire, Correspondence, Vol. X, Brief 2055, S. 64.

58 Orieux, Voltaire, S. 563–565. Der Herausgeber der Longchamp-Memoiren, Raymond Trousson, geht davon aus, dass sie seit 1744 ein Liebespaar waren. Longchamp: Anecdotes, S. 92. Volker Reinhardt setzt den Beginn des Liebesverhältnisses auf April 1745. Reinhardt: Voltaire, S. 265.

59 An Johann II. Bernoulli, Paris 8. Januar 1746, Correspondance d'Émilie Du Châtelet, Kölving/Brown, Bd. 2, Nr. 499, S. 259.

60 Voltaire an d'Argenson, 16. April 1745, Voltaire, Correspondence, Vol. XIV, Brief 28278, S. 125.

es gut und beide freuten sich über einen Besuch von Cideville.[61] In diesen Wochen war die Marquise mit Verhandlungen, die die Zukunft ihres Sohnes betrafen, beschäftigt. Aus Paris schrieb sie am 12. November 1745 an François Jacquier[62], wie sie ihr Leben in den Vorzimmern von Ministern verbringe, um ein Regiment für ihren Sohn zu finden. Sie schlafe gerade einmal vier bis fünf Stunden am Morgen. Immer wenn sie Zeit finde, arbeite sie an der Übersetzung von Newton.[63] Louis Marie Florent war seit 1740 bei den königlichen Musketieren.[64] Immer wieder auch reiste sie nach Versailles, wo sie gesellschaftliche Verpflichtungen wie Ballette festhielten.[65] Der Alltag in dieser Zeit war öfters auch zweigeteilt: Während sie sich morgens noch ihren Studien widmete, traf sie sich nachmittags mit Freundinnen wie Madame de Boufflers oder Madame du Deffand zu Ausflügen in den Bois de Boulogne.[66] Ihre Tochter lebte nun mit ihrem Mann in Neapel und hielt den Titel „La Duchesse de Montenero Carafa". Der Marquis war seit längerer Zeit wieder an der Front.[67]

61 An Cideville aus Paris, 22. August 1745, Besterman, Bd. 2, S. 136, Nr. 341; Correspondance d'Émilie Du Châtelet, Kölving/Brown, Lettre 479, Bd. 2, S. 232f.

62 François Jacquier (7. Juni 1711–3. Juli 1788) war Franziskanermönch sowie Mathematiker und Physiker.

63 Besterman, Bd. 2, S. 144, Nr. 347; Correspondance d'Émilie Du Châtelet, Kölving/Brown, Lettre 493, Bd. 2, S. 251f.

64 Zinsser: Daring Genius, S. 225.

65 An Johann Bernoulli am 12.12.1745, Besterman, Bd. 2, S. 146, Nr. 349; Correspondance d'Émilie Du Châtelet, Kölving/Brown, Lettre 496, Bd. 2, S. 256.

66 Sébastien Longchamp: Anecdotes sur la vie privée de Monsieur de Voltaire. Texte établie par Frédéric S. Eigeldinger, présenté et annoté par Raymond Trousson, Paris 2009, S. 50. Longchamp war der Sekretär von Voltaire.

67 An Charliers, 17.12.1745, Besterman, Bd. 2, S. 148, Nr. 350 und an François Jacquier, 13.4.1746 aus Paris, Besterman, Bd. 2, S. 156, Nr. 360; Correspondance d'Émilie Du Châtelet, Kölving/Brown, Lettre 497, Bd. 2, S. 257.

Abb. 13: Gabrielle-Émilie Le Tonnelier de Breteuil, Marquise du Châtelet

1746 hielt sich Voltaire ausgedehntere Zeiten in Versailles auf. Anlass war die Ernennung zum Hofhistoriographen.[68] Im Frühjahr schließlich erfüllte sich sein lang gehegter Wunsch und er erhielt einen Stuhl in der Académie française, den gerade verwaisten Stuhl

68 Voltaire, Correspondence, Vol. XV, Vorwort zur Ausgabe, S. XXI.

Nr. 33 vom am 17. März 1746 verstorbenen Jean Bouhier, dem Präsidenten des Parlaments von Dijon.[69] Am 9. Mai schließlich wurde Voltaire in die Akademie aufgenommen, 28 von 29 Stimmen sprachen sich für seine Aufnahme aus.[70] Eine weitere Ehre kam im Dezember 1746 hinzu: Mithilfe von Émilie und Madame de Pompadour wurde er schließlich zum *Gentilhomme ordinaire de la chambre du roi* berufen. Damit genoss der aus dem Bürgertum stammende Poet adlige Privilegien: das Recht, an den täglichen Aktivitäten des Königs teilzunehmen, sich dem König zu nähern und mit ihm zu sprechen, auch gehörten ihm nun ein paar kleine Zimmer im Schloss.[71] Im Herbst weilte er in Fontainebleau, wo er sich als braver Höfling zeigte, der am Lever des Königs teilnahm. Morgens blieb er im Schlafmantel und arbeitete an *Sémiramis*.[72]

69 Voltaire, Correspondence, Vol. XV, Brief 3038, S. 30.
70 Zinsser: Daring Genius, S. 237ff.
71 Ebd., S. 250.
72 Voltaire an Cideville, Fontainebleau, 9. November 1746, Voltaire, Correspondence, Vol. XV, Brief 3142, S. 142.

NEWTONS *PRINCIPIA* – DIE ÜBERSETZERIN INMITTEN EINES WISSENSCHAFTLICHEN BÜRGERKRIEGS

Die letzten Lebensjahre von Émilie du Châtelet waren bestimmt von der intensiven Arbeit an der Übersetzung von Newtons *Principia*, ausführlich *Philosophiae Naturalis Principia Mathematica*, in deutscher Übersetzung: *Die mathematischen Grundlagen der Naturphilosophie*. Veröffentlicht wurde das Werk 1687 in lateinischer Sprache, nachdem Isaac Newton es 1686 erstmals als Manuskript der Royal Society vorgelegt hatte und am 5. Juli 1686 die Druckerlaubnis von Samuel Pepys[1] erhielt. Dieses Projekt war für die Marquise von großer Bedeutung, nicht nur in wissenschaftlicher Hinsicht, sondern auch, weil sie damit ihre Bewunderung von Newtons Lehre, insbesondere der Gravitationslehre, unter Beweis stellen konnte. Auch sah sie eine große praktische Notwendigkeit in einer französischen Übersetzung, da Latein für viele ein Hindernis für die Lektüre

1 Samuel Pepys (1633–1703) war Staatssekretär im englischen Marineamt, Präsident der Royal Society und Abgeordneter des englischen Unterhauses. Berühmt wurde er als Chronist der Restaurationsepoche unter König Karl II. von England. Von 1660 bis 1669 führte er ein Tagebuch, das zu den wichtigsten Quellen für diese Zeit zählt.

darstellte.[2] Der 1643 in Woolsthorpe, Lincolnshire, geborene Isaac Newton war nicht nur der bedeutendste Naturwissenschaftler seiner Zeit, sondern beeinflusste auch die Philosophie in Methodik und Metaphysik, insbesondere im 18. Jahrhundert. Er begrüßte die Glorious Revolution von 1688 und saß im Anschluss daran für ein Jahr als Abgeordneter im Parlament. Besonders in seinen späten Jahren beschäftigte sich Newton intensiver mit Politik und Theologie. 1727 verstarb er in Kensington bei London.[3]

Als Arbeitsgrundlage dienten der Übersetzerin die beiden Neuausgaben des Originals der *Principia* aus den Jahren 1713 und 1726. Auch bei der Übersetzung der *Principia* gewährte sie sich – wie vormals bei der Übersetzung von Mandevilles *Fable of the bees* – gewisse Freiheiten und wich gelegentlich von der strengen Übertragung aus dem Original ab.[4] Sie fasste mehrere Paragraphen zusammen, kürzte den Text und vereinfachte die eine oder andere Aussage. Zur Vorbereitung las die Marquise die zeitgenössischen Abhandlungen zur experimentellen Physik, vervollkommnete ihre Studien in analytischer Geometrie und Kalküle. Ihr zur Seite stand dabei Alexis de Clairaut.[5] Du Châtelet arbeitete an der Übersetzung und am Kommentar über die 1740er Jahre hinweg bis September 1749, kurz vor ihrem Tod.

Die Marquise hatte die dunkle Vorahnung, dass sie die Veröffentlichung der Übersetzung nicht mehr erleben würde. Dies zeigt ihr Brief an den königlichen Bibliothekar in Lunéville, Abbé Sallier, dem sie das Manuskript ein paar Tage vor der Geburt ihres Kin-

---

2 Zinsser: Daring Genius, S. 241, Zitat eines Briefes an Bernoulli vom 8.1.1748.

3 Röd: Geschichte der Philosophie, Bd. VIII., S. 15. Die 1687 erschienenen *Principia* gelten als Hauptwerk Newtons, neben der 1704 veröffentlichten *Optik*.

4 Detailliert zur Arbeitsweise der Autorin siehe Michel Toulmonde: Émilie Du Châtelet und Newton's *Principia*, in: Ruth Edith Hagengruber (Hrsg.): Époque Émilienne, S. 235–254, hier S. 245.

5 Zinsser: Selected Writings, S. 243 und 251.

des anvertraute, damit er es aufbewahre und es nicht verloren gehe: „Ich nehme mir die Freiheit, die Sie mir gewährten, mein Herr, das Manuskript in Ihre Hände zu geben, von dem ich mir wünsche, dass es nach meinem Tod erhalten bleibt. Ich hoffe sehr, dass ich Ihnen für diesen Dienst danken kann, und dass meine Niederkunft, die ich jeden Moment erwarte, nicht tödlich enden wird. Ich bitte Sie inständigst, das Manuskript mit einer Nummer zu versehen und es zu registrieren, sodass es nicht verloren gehen kann. Monsieur de Voltaire, der an meiner Seite ist, lässt sie wärmstens grüßen."[6] Bis zur Veröffentlichung sollte es noch einige Jahre dauern. Einen dafür begünstigenden Anlass gab es Ende der 1750er Jahre, als sich Newtons Voraussage der Rückkehr eines Kometen bestätigte, was zu einiger Aufregung innerhalb der wissenschaftlichen Zirkel führte. Damit erfolgte auch die Bestätigung seiner Gravitationslehre. Clairaut, der Émilie bei der Übersetzungsarbeit unterstützt und beraten hatte[7], setzte sich für die Veröffentlichung der französischen Version der *Principia* ein - mit Erfolg: Die erste und komplette Übersetzung sowie der Kommentar erschienen schließlich 1759.[8]

Newton entwickelte in den *Principia* das Gesetz der Schwerkraft nach geometrischer Methode. Er vereinte Forschungen Galileo Galileis zur Beschleunigung und Johannes Keplers zu den Planetenbewegungen, die Kepler'schen Gesetze, zu einer einheitlichen Theorie der Gravitation und legte damit den Grundstein der klassischen Mechanik. Entsprechend der geometrischen Methode werden nach

6 Émilie du Châtelet an den Abbé Sallier, 1. September 1749, in: Besterman, Bd. 2, Brief Nr. 486, S. 306f.; Correspondance d'Émilie Du Châtelet, Kölving/Brown, Lettre 679, Bd. 2, S. 478.

7 Longchamp schreibt, dass Clairaut und Émilie tagsüber im zweiten Stockwerk arbeiteten und dann abends gemeinsam mit Voltaire aßen. Longchamp: Anecdotes, S. 71.

8 *Les Principes de Newton*. Übersetzung aus dem Lateinischen, hrsg. von Alexis Claude Clairaut, 1756, 1759. Welche Rolle Clairaut bei diesen Editionen spielte, ist noch Gegenstand der Forschung. Reichenberger: Institutions physiques, S. 37.

dem Vorbild von Euklid Elemente aus Definitionen und Axiomen abgeleitet. In den Definitionen griff Newton die wichtigsten Gedanken der zeitgenössischen Mechanik auf und entwickelte sie weiter, darunter fallen vor allem die Begriffe Masse, Bewegungsgröße (dem Produkt aus Masse und Geschwindigkeit), Trägheit, Kraft und Zentripetalkraft. Diesen Begriffen stehen die undefinierten Begriffe wie Zeit, Raum, Ort und Bewegung gegenüber. Unter Raum verstand Newton den absoluten Raum, dreidimensional, homogen und isotrop, von raumerfüllenden Dingen unabhängig. Die absolute Zeit verlief nach Newton unabhängig von Vorgängen gleichmäßig. Die absolute Zeit und der absolute Raum waren für ihn Voraussetzung seiner drei Axiome.[9]

Die *Principia* untergliedern sich in drei Bücher. Das erste Buch beginnt mit den Definitionen zur Dynamik (Bewegungslehre). Newton erklärt darin, wie man die Quantität von Materie und Bewegung misst. Er definiert die Trägheit oder Widerstandskraft, die jeder Materie zugrunde liegt. Er beschreibt, was unter dem Begriff der aktiven Kraft zu verstehen ist, er definiert die Zentripetalkraft und ihre Messung. Schließlich stellt Newton daraus die drei Bewegungsgesetze (Axiome) auf, mit denen er die Grundsteine der klassischen Mechanik legt:

Erstes Newton'sches Gesetz: In einem Inertialsystem bleibt jeder Körper, auf den keine Kraft einwirkt, in Ruhe oder im Zustand gleichförmiger Bewegung.

Zweites Newton'sches Gesetz: Die Änderung der Bewegung wächst proportional zur Kraft, die auf den Körper einwirkt, und erfolgt in der gleichen Richtung, wie die Kraft auf den Körper einwirkt.

Drittes Newton'sches Gesetz: Übt ein Körper auf einen zweiten eine Kraft aus, wirkt eine gleich große, der entgegengesetzten Kraft vom zweiten auf den ersten Körper (actio = reactio).[10]

---

9 Röd: Geschichte der Philosophie, Bd. VIII, S. 19.

10 Émilie du Châtelet: Kommentar zu Newtons Principia, in: Zinsser: Selected Philosophical and Scientific Writings, S. 270.

Ein zentraler Bestandteil des Werks ist die Gravitationslehre der Himmelskörper. Nach seiner Theorie bewegt sich ein Körper um ein unbewegliches Zentrum und wird von diesem angezogen, eine weitere Kraft wirkt dem jedoch entgegen; demnach kreisen die Planeten um die Sonne und werden gleichzeitig durch eine andere Kraft, die Zentrifugalkraft, auf ihrer Umlaufbahn gehalten. Newton kommt zu dem Ergebnis, dass sich die Schwerkraft proportional zur Masse des Körpers verhält.[11] Das zweite Buch behandelt die unterschiedlichen Arten von Bewegung in widerstandsfähigen Materien, insbesondere der Bewegung von Körpern in viskosen Flüssigkeiten.[12] Im dritten Buch *Über das Weltsystem* erörtert Newton die Anwendung der in den ersten beiden Büchern erarbeiteten Erkenntnisse auf die tatsächlichen Bewegungen von Himmelskörpern; Newton beschreibt die Abflachung der Pole als Folge der Zentrifugalkraft.

Mit den *Principia* widerlegt Newton die Descartes'sche Wirbeltheorie, nach der die Bewegungen der Planeten und deren Trabanten durch Wirbelbewegungen eines das ganze Weltall erfüllenden ätherischen Fluidums verursacht werden. Newtons *Principia* von 1687 ist also auch eine Antwort auf Descartes' *Principia philosophiae* aus dem Jahr 1644, in der Descartes diese Theorie darstellt und mit der er den Großteil der damaligen Gelehrten überzeugt hatte.[13] Newton legt seiner Naturphilosophie aber auch eine metaphysische Idee zugrunde, nämlich die, dass es sich um eine gottgeschaffene und gottgelenkte Weltordnung handelt. So führt er in den *Principia* die Bewegung der Planeten um die Sonne und die der Monde um die Planeten nicht auf mechanische Ursachen zurück, sondern auf den Ratschluss und die „Herrschaft eines alles einsehenden und allmächtigen Wesens".[14] Dem entgegen steht seine Überzeugung,

---

11 Vgl. Ebd., S. 294–307.

12 Ebd., S. 271.

13 Vgl. Röd: Geschichte der Philosophie, Bd.VIII, S. 20.

14 Zitiert nach Röd: Geschichte der Philosophie, Bd.VIII, S. 25.

dass wissenschaftliche Sätze endgültig verifizierbar sein müssen. Er glaubte sowohl an die absolute Sicherheit der wissenschaftlichen Erfahrung als auch an die Möglichkeit unbedingt wahrer wissenschaftlicher Grundsätze.[15]

In ihrem fast 300 Seiten umfassenden Kommentar zu den *Principia* zeigt die Marquise du Châtelet in ihrem Vorwort die theoretischen Entwicklungen seit der Antike bis zu Newton auf und wirft einen Blick zurück auf die Theorien, beginnend bei den Babyloniern, über Pythagoras und Ptolemaios, über Kopernikus bis hin zur Neuzeit.[16] Ausführlich würdigt sie die Kepler'schen Gesetze, die besagen, dass die Planetenbewegungen aus dem universellen Gravitationsgesetz resultieren, das eine anziehende Kraft zwischen allen Körpern annimmt. Du Châtelet rühmt, dass dieser große Astronom die Theorien seiner Vorgänger überwunden hat, beispielsweise die Annahme kreisförmiger Umlaufbahnen der Planeten. Kepler fand heraus, dass sich die Planeten in Ellipsenbahnen bewegen, dass die Sonne im Zentrum dieser Umlaufbahnen liegt und dass sich die Planeten je nach Umlaufbahn in unterschiedlichen Geschwindigkeiten bewegen; sie bewegen sich umso langsamer, je weiter sie von der Sonne entfernt liegen.[17] Newtons Verdienst sei es gewesen, aufbauend auf bestehenden Erkenntnissen wie denen Keplers, die Gravitationslehre etabliert zu haben. Auch hatte Newton, so die Marquise, die von Huygens etablierten Bewegungsgesetze weiterentwickelt.[18] In ihrem Kommentar zum dritten Buch der *Principia* geht die Marquise schließlich auf die Bedeutung der Expeditionen nach Lappland und Peru ein, und zeigt auf, inwieweit diese die Theorie Newtons zur Abflachung der Pole bestätigten.[19] Mau-

---

15 Röd: Geschichte der Philosophie, Bd. VIII, S. 27.

16 Émilie du Châtelet: Kommentar zu Newtons Principia, in: Zinsser: Writings, S. 264f.

17 Ebd., S. 266.

18 Ebd., S. 269.

19 Ebd., S. 318.

pertuis leitete 1735 eine von Ludwig XV. beauftragte Expedition nach Lappland. Mit der Veröffentlichung des *Discours sur les différentes figures des astres* wurde Maupertuis der „Anführer" der Newtonianer in Frankreich. Die Verbreitung der neuen Theorie erfolgte in Frankreich zu einem Zeitpunkt, wo Messungen zur Auffassung führten, dass die Erde nicht an den Polen (nach Newton und Huygens), sondern am Äquator abgeflacht ist (Cassini). Dies führte zur Spaltung zwischen den Anhängern Newtons und denen Descartes'. Seit 1732 war die Académie royale des sciences die Inkarnation der offiziellen Wissenschaft. Ihre Vertreter waren zu der Zeit noch nicht bereit, die cartesianischen Erkenntnisse zugunsten einer neuen Theorie zu verwerfen.[20] Maupertuis hingegen versammelte um sich eine Truppe vor allem junger Wissenschaftler, die den Erkenntnissen Newtons anhingen. Der Konflikt zwischen Cartesianern und Newtonianern war demnach auch ein Generationenkonflikt. Die beiden jüngsten Mitglieder der Expedition waren Pierre-Charles Le Monnier und Alexis Claude Clairaut. Der 1715 geborene Le Monnier war gerade 21 Jahre alt, Clairaut zwei Jahre älter. Weiter nahmen an der Expedition teil: Charles-Étienne Camus, der für die technische Ausstattung verantwortlich war, sowie Abbé Réginald Outhier. Die Expedition startete im Herbst 1735 und dauerte bis ins Jahr 1736 an. In Schweden stieß Anders Celsius zur Truppe hinzu. Er war zu der Zeit Professor an der Universität von Uppsala.[21] Die Messungen führten schließlich zu dem Ergebnis, dass die Erde an den Polen abgeflacht war, was Newtons Thesen bestätigte. Dieses Ergebnis wollte Maupertuis so schnell wie möglich der Öffentlichkeit präsentieren. Eine erste Vorstellung erfolgte zunächst im privaten Rahmen am 28. August, eine weitere dann

---

20 Jean-Pierre Martin: Pierre Louis Moreau de Maupertuis, in: Hartmut Hecht: Pierre Louis Moreau de Maupertuis. Eine Bilanz nach 300 Jahren, S. 58.

21 Martin: Pierre Louis Moreau de Maupertuis, S. 58ff.; siehe auch Voltaire, Correspondence, Vol. VII, Brief 1445, S. 190.

am 13. November, zu Beginn der neuen wissenschaftlichen Saison 1737/38. Aber die Rückkehr war nicht nur vom Triumph begleitet. Es gab auch einige kritische Stimmen zu den Messungen der Maupertuis'schen Expedition.[22]

Den Zugang zu Newton hatte Maupertuis während seines Studiums ab 1729 bei Johann I. Bernoulli (1667–1748) in Basel gewonnen. Bei ihm erfuhr er die Grundlagen der neuesten Mathematik und Mechanik, also die Cartesianische Geometrie, die Differentialrechnung, wie sie Leibniz und die Gebrüder Bernoulli entwickelt hatten, und auch die *Principia* von Newton standen auf dem damaligen Lehrplan. In seinem Buch *La Figure de la Terre* beschäftigte sich Maupertuis mit der zu der Zeit heftig diskutierten Frage nach der Abflachung der Erde an den Polen oder der gegensätzlichen Auffassung, dass die Erde ein Ellipsoid sei, was bedeutete, dass sie am Äquator abgeflacht sein musste. Dies untermauerten Messungen des französischen Astronomen Cassini, der von der Académie royale des sciences unterstützt wurde. Das war auch der Grund, warum vor der Lappland-Expedition eine Expedition in die Äquatorgegend nach Peru und Ecuador unternommen wurde, die von La Condamine geleitet wurde.[23]

Einer der wichtigsten Advokaten Newtons noch vor Beginn der Lappland-Expedition war Voltaire. Er war im englischen Exil mit der Physik Newtons vertraut geworden, hatte ihm geraumen Platz in seinen 1734 erschienenen *Lettres philosophiques* eingeräumt und schließlich 1735 die *Eléments de la philosophie de Newton* verfasst. Im April 1735 schrieb Voltaire an Joseph de Seytres, dem Marquis de Caumont, er habe bei seiner Rückkehr nach Paris festgestellt, dass die Newton'sche Philosophie langsam unter den wahren Philosophen an Terrain gewinne: „J'ai trouvé en arrivant à Paris, que la phi-

---

22 Martin: Pierre Louis Moreau de Maupertuis, S. 66.

23 David Spiesser: Pierre Louis Moreau de Maupertuis, in: Hecht: Maupertuis, S. 341–362, hier S. 343ff.

losophie de Newton gagnait un peu parmi les vrais philosophes."[24] Gegenüber René Joseph de Tournemine[25] verteidigte er im Juni 1735 die Bedeutung der Gravitation als ein „erstes Prinzip".[26] In einem weiteren Brief an Tournemine zwei Monate später beklagte er allerdings die Newton-feindliche Situation in Frankreich. Die Entdeckung der Gravitation durch Newton sei so wahr wie erstaunlich, aber die Universitäten hier veröffentlichten keine geeignete Einführung in die Astronomie, während in Cambridge dagegen täglich bewundernswerte Bücher zu diesem Thema erschienen.[27] Mit zahlreichen seiner Korrespondenzpartnern diskutierte Voltaire über Newton, drückte seine Bewunderung für den Briten als „größten Mann, der je gewesen ist" aus[28] und bezeichnete sich sogar als Apostel Newtons, der seinen Samen in eine undankbare Erde verstreue.[29]

Voltaires Begeisterung ging auch auf Émilie über. Spätestens 1735 begann sie ebenfalls, sich mit Newton auseinanderzusetzen.[30] Die intensive Beschäftigung mit Newton bestimmte auch das Leben in Cirey, wie Voltaire an Cideville berichtete: „Newton ist hier der Gott, dem ich diene, aber ich habe auch Kapellen für andere subalterne Gottheiten. [...] Das Leben, das ich hier in Cirey führe, dient mir der Gesundheit und ich kann meinen Cideville umarmen."[31] Auch der Marquis du Châtelet wurde in die Newton-Stu-

---

24 Voltaire an Joseph de Seytres, Marquis de Caumont, Paris, 19. April 1735, in: Voltaire, Correspondence, Vol. IV, Brief 840, S. 51.

25 Jesuit, geboren am 26. April 1661 in Rennes, gestorben am 16. Mai 1739 in Paris.

26 Voltaire, Correspondence, Vol. IV, Brief 852, S. 77f.

27 Ebd.

28 An Joseph Thoulier d'Olivet, 18. Oktober 1736 aus Cirey, Voltaire, Correspondence, Vol. V, Brief 1126, S. 281.

29 An Berger, 20. Juli 1738, Cirey, Voltaire, Correspondence, Vol. VII, Brief 1494, S. 279.

30 Voltaire an Thieriot, 20. Juni 1735, Voltaire, Correspondence, Vol. IV, Brief 855, S. 82.

31 25. September 1736, Voltaire, Correspondence, Vol. V, Brief 1109, S. 257.

dien in Cirey eingebunden, wenn auch nur als Überbringer von Manuskripten.[32] Wie sehr Émilie in die Arbeiten zu Newton eingespannt war, verdeutlicht die Bezeichnung Voltaires seiner *Eléments de la philosophie de Newton* als „philosophie émiliènne".[33] Für die Experimente, die Voltaire zu seiner Newton-Studie unternahm, bat er Thieriot um Hilfe; er suchte einen „Philosophenjungen" für sein Physikkabinett, würde 400 oder 500 Livres Pension zahlen und dieser hätte das Vergnügen, Émilie zuzuhören, die die Optik von Newton besser verstehe als mancher Professor.[34]

Voltaires Newton-Anhängerschaft ging mit der zu erwartenden Distanz gegenüber Descartes einher. Insbesondere dessen Wirbeltheorie und der Metaphysik stand er skeptisch gegenüber.[35] Konkreter fiel seine Kritik an Descartes drei Jahre später aus, als die Diskussion in vollem Gang war. An Thieriot berichtete er, wie sehr er gegen die Wirbeltheorie, die Lichtübertragung und die Entstehung des Lichts nach der cartesianischen Theorie anschreibe.[36] Ein Hardliner war er jedoch nicht. 1738 bezeichnete Voltaire den Disput als Bürgerkrieg, für den Philosophen nicht gemacht seien.[37] In diesem Brief an Maupertuis berichtete er ausführlich über die Debatte und kritisierte die Entwicklungen. Er beklagte die Sinnlosigkeit dieses Kampfes gegen einen Franzosen und für einen Engländer.

---

32 Voltaire an Berger, 25. September 1736, Voltaire, Correspondence, Vol. V, Brief 1110, S. 257.

33 Voltaire an Thieriot, 30. September 1736, Voltaire, Correspondence, Vol. V, Brief 1112, S. 264.

34 Voltaire, Correspondence, Vol. VII, Brief 1418, S. 132.

35 Voltaire an Cideville am 15. September 1733, Voltaire, Correspondence, Vol. III, Brief 634, S. 142.

36 Aus Cirey am 5. September 1736, Voltaire, Correspondence, Vol. V, Brief 1096, S. 235.

37 Voltaire an Maupertuis, 1.10.1738, Voltaire, Correspondence, Vol. VII, Brief 1551, S. 385.

Émilie du Châtelet stand mit Voltaire und Maupertuis inmitten der Newton-Fraktion, was zweifellos nicht ohne Auswirkung auf ihre eigene Nähe zur Naturphilosophie Newtons blieb. Die 1730er Jahre waren geprägt von der Newton-Welle, die über Frankreich schwappte und die junge Wissenschaftlerin nicht unberührt ließ. Das Ergebnis einer ersten intensiven Beschäftigung mit Newton zeigt die Veröffentlichung der *Institutions de physique* von 1740, in denen sie aber auch intensiv auf Leibniz und Descartes eingeht. Die Übersetzung[38] und der Kommentar zu Newtons *Principia* schließlich verdeutlichen, wie sehr sie dessen Erkenntnisse anerkannte, ja bewunderte.

In engem Zusammenhang mit der Newton-Übersetzung steht ein bis vor kurzem unveröffentlichtes Manuskript der Marquise mit dem Titel *Principes d'optique et d'astronomie*.[39] Mit einem Umfang von 40 Seiten und aufgegliedert in sieben kurze Kapitel mit handgezeichneten Illustrationen widmet es sich grundlegenden Fragen der Optik sowie Astronomie und des Zusammenhangs beider Lehren. Die Absicht der Autorin war es, anhand der Bewegung der Planeten im Sonnensystem zu beschreiben, wie seit Jahrhunderten die menschliche Betrachtung das richtige Verständnis der Geometrie getäuscht habe. So schreibt sie im ersten Satz: „Es ist zunächst notwendig, sich klar zu machen, dass alle Erscheinungen unsere Augen täuschen […] und dass es unserem Geist obliegt, diese Irrtümer unseres Sehvermögens zu korrigieren. Daher ist es notwendig, die

38 Ihre Übersetzung ist bis heute die einzige französische vollständige Ausgabe der *Principia*. Ruth Hagengruber/Hartmut Hecht: Émilie Du Châtelet und ihre Wirkung in Deutschland, in: dies. (Hrsg.): Émilie Du Châtelet und die deutsche Aufklärung, S.V.

39 Es wurde 2019 in einem Los einer Auktion von Sotheby's als ein Bestandteil der Bibliothek von Jean-François Chaponnière geführt. Michel Toulmonde: Un manuscrit scientifique inédit d'Émilie du Châtelet: *Principes d'optique et d'astronomie*. À la memoire d'Andrew Brown, in: Cahiers Voltaire 23, Revue annuelle de la Société Voltaire. Ferney-Voltaire 2025, S. 49–84, hier S. 49.

optischen Prinzipien zu beherrschen, bevor man die Astronomie studiert."[40]

Dem zugrunde liegt die Erkenntnis, dass die Lichtstrahlen, die von der Sonne und anderen Sternen kommen und durch die Lichtbrechung in der Atmosphäre gebeugt werden, sodass die Objekte in den Augen des Betrachters in anderen Positionen erscheinen, als sie tatsächlich liegen. „Wir sehen die Sonne nie an ihrem (richtigen) Platz", schreibt sie. In gleicher Weise werde unsere Betrachtung der Sterne von unseren Augen getäuscht, so die Marquise. Tatsächlich bewegen die Sterne sich nach einem geometrischen System, wie bereits von Platon, Aristoteles und Ptolemäus beschrieben, was letztlich im 16. Jahrhundert durch Kopernikus mit dem heliozentrischen Modell weitergeführt wurde. Hierauf geht die Autorin im dritten Kapitel der Abhandlung ein. Im vierten Kapitel bringt sie zur Sprache, dass kein Stern wie der andere ist und ein Gefolge von Planeten um sich hat.[41] Im sechsten Kapitel beschreibt du Châtelet verschiedene Eigenschaften der Sterne, insbesondere ihre Leuchtkraft entsprechend ihrer Distanz von der Sonne. Sie erklärt die Bewegung der Sterne im Himmel und unsere Wahrnehmung dieser Bewegung entsprechend der Erdrotation innerhalb eines Tages. Im letzten Kapitel schließlich beschäftigt sich die Autorin mit den unterschiedlichen Bewegungen der Erde: der Drehung um sich selbst in einem Tag oder der Bewegung der Erde um die Sonne im Laufe eines Jahres.[42]

Bei diesem Manuskript handelt es sich um ein wissenschaftlich relativ elementares Niveau, da es Kenntnisse transportiert, die damaligen Kennern der Astronomie bekannt gewesen sein dürften, insbesondere denen, die von der universellen Gravitation überzeugt waren. Der Text dieses kurzen Manuskripts ist zudem weniger subs-

---

40 Toulmonde: Un manuscrit scientifique inédit d'Émilie du Châtelet: Principes d'optique et d'astronomie, hier S. 50 und 55.

41 Ebd., S. 50f.

42 Ebd., S. 52.

tanziell als ihr Kommentar zur Übersetzung von Newtons *Principia*. Aber vielleicht wollte sie mit dieser Schrift Newtons Idee der Gravitation noch stärker verbreiten, insbesondere da es noch große Ressentiments demgegenüber in Frankreich gab. Das Manuskript kann eher als eine Art Vorstudie zur schließlich erfolgten großangelegten Newton-Übersetzung gelten.[43]

43 Toulmonde zieht zudem die Möglichkeit in Erwägung, dass diese Schrift als ein Kapitel für einen möglichen zweiten Band der *Institutions de physique* gedacht war; ebd., S. 53.

ABENDDÄMMERUNG IN LUNÉVILLE

Im Februar 1748 lud Stanislas, Herzog von Lothringen, Voltaire und Émilie du Châtelet an seinen Hof von Lunéville ein. Stanislas Leszczyński (1677–1766) wurde im Machtvakuum des Polnischen Thronfolgekrieges (1733–1738) König von Polen und Großfürst von Litauen, ab 1736 Titularherrscher von Polen-Litauen. Durch die Heirat seiner Tochter Maria mit dem französischen König Ludwig XV. 1737 erlangte Stanislas die Herzogtümer Lothringen und Bar.

Seit dieser Zeit pflegte er einen großen Hof in Nancy und Lunéville. Unter Stanislas erfuhren nicht nur das Schloss, sondern auch die Gärten in Lunéville ein strahlendes Aufleben. Stanislas holte den Tiroler Architekten Emmanuel Héré nach Lunéville. Er ließ den alten, von Leopold gebauten Kanal erneuern, außerdem engagierte er Jean Lamour für die Metallbauarbeiten, Nicolas und Louis Mansiaux für die Stuckarbeiten und Barthélemy Guibal für die Skulpturen. Von der Schlossterrasse aus hatte man den Blick auf die Wasserkaskaden, die den Beginn des Kanals bildeten und zum *Palais italien*, zu dem zwei Treppen bogenförmig führten, gesäumt von weißen Statuen. Am anderen Ende des Parks stand der türkische Kiosk, den besonders die weiblichen Besucher des Schlosses liebten.[1]

---

1 Gilbert Mercier: Femmes des Lumières à la court de Stanislas. Nancy 2004, S. 101f.

Die Einladung sollte einen längeren Aufenthalt Voltaires und Émilies in Lunéville nach sich ziehen und für beide schicksalhaft sein. Die neuen Höflinge lebten sich schnell ein und gewannen in kürzester Zeit viele Freunde am lothringischen Hof. Eine der zentralen weiblichen Persönlichkeiten am Hof war Madame de Bouffler, die offizielle Mätresse von Stansislas. Marie Françoise Catherine de Beauvau-Craon, Marquise de Boufflers (1711–1786), entstammte einer der bedeutendsten lothringischen Familien. Sie heiratete im Alter von 23 Jahren Louis François de Boufflers, der als eine gute Partie galt. In Paris, in der Picardie und in Lothringen galten die Boufflers als eine angesehene Familie, insbesondere durch militärische Posten.[2] Am Hof von Lunéville sammelte Madame de Boufflers einen illustren Zirkel um sich, zu dem u.a. Madame de Graffigny, der Hofmusiker Henri Desmarets, Jean-François de Saint-Lambert und die Comtesse de Lutzelbourg zählten. Émilie und Madame de Boufflers kannten sich aus Paris, wo sie sich hin und wieder gesehen hatten. Letztere war eine sinnenfreudige und sexuellen Liaisons nicht abgeneigte Hofdame. Bevor sie die Mätresse von Stanislas wurde, war sie die Mätresse von Stanislas' Minister Antoine-Martin Chaumont de la Galaizière.[3]

Émilie und Voltaire fühlten sich sogleich wohl, und dies nicht nur aufgrund der Gastfreundschaft Stanislas' und der vielfältigen Ablenkungen und Amüsements am Hof, sondern auch wegen der Möglichkeit, dass Voltaire hier seine Werke auf der Bühne präsentieren konnte. Kaum waren zwei Wochen nach ihrer Ankunft vergangen, als *Zaïre* im Theater aufgeführt wurde.[4] An den Comte d'Argenson berichtet die Marquise am 2. März aus Lunéville, dass sie einen schönen Karneval erlebt hätten und dass der König von Polen sie mit Herzensgüte überschütte, sodass man sich ihm nicht

2 Ebd., S. 114.

3 Mercier: Femmes des Lumières, S. 137, 143 und 153.

4 Zinsser: Daring Genius, S. 259.

entziehen könne.[5] Auch Voltaire berichtete an Jeanne Grace Bosc du Bouchet Comtesse d'Argental am 25. Februar 1748 aus Lunéville, wie wunderbar der Aufenthalt und wie zauberhaft das Schloss seien und dass sie jeden Tag zum Kiosk oder zu einem Palais gingen und die Freiheit und das Feiern genossen.[6] Der Aufenthalt am Hof von Stanislas hatte aber auch nützliche Aspekte. Émilie beantragte beim lothringischen Herzog für ihren Mann eine Kommandantur in Lothringen. Der Marquis du Châtelet hatte allerdings einen Konkurrenten, den Grafen Ladislas Louis Ignace de Bercsényi. Mit salomonischem Talent löste Stansislas das Problem und berief beide: du Châtelet zum Grand Maréchal, de Bercsényi zum Grand Ecuyer, also obersten Stallmeister.[7] Die wissenschaftliche Arbeit blieb zunächst liegen und mit schlechtem Gewissen schrieb sie an Johann Bernoulli, dass sie nach ihrer Rückkehr wieder voll zur Verfügung stehen werde.[8] Ihr war zu dieser Zeit nicht klar, dass es keine endgültige Rückkehr mehr geben sollte.

---

5 Besterman, Bd. 2, S. 161, Brief 367; Correspondance d'Émilie Du Châtelet, Kölving/Brown, Lettre 533, Bd. 2, S. 297.

6 Voltaire, Correspondence, Vol. XVI, Brief 3238, S. 16.

7 Besterman, Bd. 2, S. 163, Fußnote zum Brief 369.

8 10. Februar 1748, Besterman, Bd. 2, S. 161, Brief 366; Correspondance d'Émilie Du Châtelet, Kölving/Brown, Lettre 532, Bd. 2, S. 296.

„SIE SIND DER ANFANG, DAS ENDE UND DAS ZIEL“ – DER LETZTE LIEBHABER

Bei einem der ersten Diners am Hof von Lunéville begegnete Émilie dem zehn Jahre jüngeren Dichter und Lieutenant Jean-François de Saint-Lambert[1], geladen hatte Chaumont de la Galaizière. Es entwickelte sich eine spannungsreiche Liebesbeziehung, die nicht ohne Folgen für Émilie bleiben sollte. Saint-Lambert hatte eine feste Position am Hof, war Geliebter der ersten Mätresse von Stanislas, Madame de Boufflers, und Lieutenant in der lothringischen Armee. Diese vielfältigen Überkreuzungen demonstrieren die Offenheit der höfischen Gesellschaft des Ancien Regime.[2] Saint-Lambert zählte bereits in den 1730er Jahren zum Kreis der Madame de Graffigny, die ihn als Poet in Paris bekannt machen wollte. Der junge Dichter hatte sich aus diesen Motiven 1736 auch an Voltaire gewandt.[3] Der 1716 geborene Saint-Lambert wuchs auf dem Land in der Domäne des Prinzen von Beauvau-Craon auf und erhielt seine Erziehung bei den Jesuiten. Er schlug die militärische Laufbahn ein und wurde 1740 einer der 40 Mitglieder der Gardes de Lorraines von Stanislas. Im Herbst 1746 hielt er sich häufiger in

1 Geboren am 26. Dezember 1716, gestorben am 9. Februar 1803.
2 Mazauric: En passant, S. 95
3 Zinsser: Daring Genius, S. 261.

Lothringen auf und nahm am höfischen Leben teil.[4] Kurz nach dem Kennenlernen und dem Rausch der ersten gemeinsamen Liebesstunden musste Émilie allerdings schon wieder nach Cirey fahren. Aus der Distanz heraus überschüttete sie den Geliebten mit ihren Briefen voller Sehnsucht nach dem zehn Jahre jüngeren Liebhaber. Erste Briefe der Marquise an Saint-Lambert stammen von April 1748, verfasst in Cirey. Sie entschuldigt sich, schon wieder zu schreiben, obwohl sie noch keine Antwort auf ihren vorherigen Brief von ihm erhalten hatte. Nach 13 Stunden war sie in Cirey angekommen, sie schlug ihm ein Treffen dort vor und beschrieb ihm die Reiseroute.[5] Am 4. Mai schrieb sie dann an den Geliebten, dass sie ihren Brief als kalt empfinde, verglichen mit dem, was sie für ihn fühle. Sie sei tot, sie lebe nicht mehr als für ihr Herz.[6] „Zweifeln Sie nicht an meinem Herz, […] aber lassen Sie mich auch nicht an Ihrem Herzen zweifeln“, so klang wiederum ein Brief wenig später aus Versailles.[7] Immer wieder beteuerte sie ihre Gefühle für ihn: „Wie können Sie nur argwöhnen? Könnte ich Sie nur einen Moment vergessen? […] Ich schwöre Ihnen, mein Herz ist voll von Ihnen.“[8] Aus Paris versicherte sie ihm am 16. Juni: „All meine Gefühle sind dauerhaft und hinterlassen tiefe Spuren in meinem Herzen.“ Während ihre Briefe voller Liebesgeständnisse waren, schienen seine Briefe weitaus weniger Zuneigung zu zeigen, denn sie beklagte, dass seine Briefe grausam seien.[9]

---

4 Zinsser: Daring Genius, S. 262.

5 Besterman, Bd. 2, S. 163, Brief 370; Correspondance d’Émilie Du Châtelet, Kölving/Brown, Lettre 537–541, Bd. 2, S. 300ff.

6 Besterman Bd. 2, S. 169f., Brief 373.

7 15. Mai 1748, Besterman, Bd. 2, S. 2, S. 173, Brief 375.

8 Besterman, Bd. 2, S. 169f., Brief 373.

9 Émilie du Châtelet an Saint-Lambert, in: Émilie Du Châtelet: Lettres d’amour au marquis de Saint-Laurent, hrsg. von Anne Soprani, Paris 1997, S. 83, Nr. 25. Die weiteren Briefe werden aus der Soprani-Ausgabe zitiert.

Die Marquise litt sehr stark unter dem Ungleichgewicht der gegenseitigen Gefühle. Am 16. Juni gestand sie Saint-Lambert mit aller Offenheit: „Ich habe mein Glück verloren, meine Achtung, das Vertrauen meines Mannes, meines Liebhabers, meines intimen Freundes."[10] Nicht nur die Menschen, die ihr nahestanden, schien sie zu verlieren oder sorgte sie sich, zu verlieren, auch mangelte es ihr an Energie zum Arbeiten. Sie habe keine Zeile mehr über Newton geschrieben, wie sie am 22. Juni um fünf Uhr in der Früh aus Paris schrieb, weil sie die ganze Zeit, die sie bereits hier sei, an ihn denke. Sie vergehe, ihre Gesundheit verkümmere, aber ihre Liebe wachse unaufhaltsam.[11]

Im Juli kehrte sie zurück nach Commercy, und im August 1748 reisten Émilie und Madame de Boufflers gemeinsam nach Plombières. Sie blieben vom 24. August bis zum 5. September in dem berühmten etwa 100 Kilometer südlich von Nancy in den Vogesen gelegenen Badeort. Es war der Wunsch Stanislas', der nach Versailles reisen wollte, um seine Tochter, die Königin Maria Leszczyńska, zu sehen. Er wollte seine Mätresse nicht allein lassen und Émilie konnte ihm den Wunsch nicht absprechen. Der Tagesablauf war streng geregelt und weniger der Erholung als den Studien gewidmet. Die Marquise arbeitete in der Regel den ganzen Vormittag, bis auf kurze Unterbrechungen zuweilen für Besuche bei Bekannten, die sich ebenfalls in Plombières aufhielten, wie die Prinzessin La Roche sur Yon beispielsweise. Um zwei Uhr nahm sie den Kaffee und von drei bis acht Uhr, bis zum Souper, zog sie sich zurück. Um elf Uhr ging sie zu Bett.[12]

In Plombières stand sie nicht nur mit Saint-Lambert in brieflichem Kontakt, sondern auch mit Stanislas, der ihr häufig und charmant schrieb. Zwischen dem König und der Philosophin ent-

---

10 Émilie Du Châtelet: Lettres d'amour, hrsg. von Soprani, S. 85, Nr. 25.
11 Ebd., S. 91, Nr. 27.
12 Ebd., S. 123, Nr. 48.

stand eine innige Freundschaft, die sich immer mehr vertiefte.[13] Die Ablenkung und die Gesellschaft im noblen Badeort Plombières halfen aber nicht, Émilies Sehnsucht nach Saint-Lambert zu schmälern. Am 25. August schrieb sie an ihn: „[…] wie sehr ich Sie bewundere, mit welcher Ungeduld und Inbrunst wünsche ich mir, wieder mit Ihnen zusammen zu sein!“[14] Und wenig später: „Ist Ihre Abwesenheit nicht mein größtes Unglück?“[15] Nach der Rückkehr aus Plombières in der zweiten Septemberwoche kam es allerdings nicht gleich zum Wiedersehen zwischen Émilie und Saint-Lambert, da dieser wegen dienstlicher Pflichten in Nancy gebunden war. Dafür kam Voltaire wenige Tage später an und gemeinsam genossen er und Émilie die zahlreichen Feste und Empfänge am lothringischen Hof.[16] In Lunéville blieben Émilie und Voltaire eng verbunden. Er verließ ihr Zimmer nicht mehr, wie sie an Saint-Lambert aus Commercy im Oktober 1748 schrieb.[17] In Commercy wohnten sie im linken Schlossflügel, Émilie in einem großen ebenerdigen Appartement, Voltaire in einem kleineren im ersten Stock. In jenen Tagen hatte Voltaire die Beziehung zwischen Émilie und Saint-Lambert entdeckt, in dem er beide in flagranti in Émilies Appartement überrascht hatte. Für ihn war es eine große Enttäuschung, da er seit 15 Jahren der offizielle und anerkannte Liebhaber der Marquise war.[18] In dieser Zeit stand Voltaire aber auch bereits in engem Kontakt mit seiner Nichte Marie Louise Denis. Diese zeigte in ihren Briefen einen eifersüchtigen Ton, wenn sie schrieb, dass Voltaire mit „dieser Frau“ beschäftigt sei.[19] Voltaire wandte sich mit zärtlichen

13 Ebd., S. 132, Nr. 52.

14 Ebd., S. 119, Nr. 47.

15 Am 2. September, ebd., S. 124, Nr. 49.

16 Ebd., S. 131, Fußnote 1, Nr. 51.

17 Ebd., S. 146, Nr. 61.

18 Longchamp: Anecdotes, S. 77. Orieux: Voltaire, S. 380f. und Gilbert Mercier: Femmes des Lumières à la court de Stanislas. Nancy 2004; S. 159.

19 Marie Louise Denis an François Thomas Marie de Baculard d'Arnaud,

Tönen an seine Nichte: „Ma chère enfant, ich zähle jeden Tag bis ich Sie wiedersehe, […] schreiben Sie mir, trösten Sie mich, mein Herz bedarf Ihrer Briefe mehr, denn mein Körper die Medizin."[20] Aber er fand immer wieder auch freundliche und lobende Worte über Émilies Übersetzungsarbeit und Kommentar zu Newtons *Principia*, das ein *chef-d'œuvre* sein und den Frauen Frankreichs Ehre verleihen werde.[21]

Am 23. Dezember 1748 verließen Voltaire und Émilie Lunéville für längere Zeit und brachen nach Paris auf, wo sie bis zum Frühsommer 1749 blieben. Diese Reise wurde durch einen kurzen Aufenthalt in Cirey unterbrochen, wo dringliche Geschäfte auf sie warteten. Émilie gestand dort Voltaire, dass sie schwanger sei – von Saint-Lambert. Beide dachten sich eine List aus, um dem Marquis du Châtelet davon zu überzeugen, dass er der Vater des Kindes sei, damit das Kind legitimiert würde. Sie baten den Marquis unter einem Vorwand, dringend nach Cirey zu kommen. Dort veranstalteten sie ein gemeinsames Diner im kleinen Kreis, Émilie hatte sich herausgeputzt und umschwärmte ihren Mann, bis sie schließlich gemeinsam im Bett lagen. Einige Wochen später konnte sie ihm dann berichten, dass er nochmals Vater werden würde. Der Marquis war auf das Komplott hereingefallen.[22]

Am 7. Februar schrieb Émilie aus Paris an Saint-Lambert, dass sie ihre Tür den ganzen Tag geschlossen halte und arbeite. Sie sehe kaum jemanden.[23] Der Ton ihm gegenüber wurde unversöhnlicher, sie beklagte seine Ungerechtigkeit, zeigte sich aber nachgiebig und

---

Voltaire, Correspondence, Vol. XVI, Brief 3268, S. 47.

20 Zärtlicher Brief von Voltaire an Mme Denis, aus Commercy, 19. Juli 1748, Voltaire, Correspondence, Vol. XVI, Brief 3270, S. 49.

21 Voltaire an Charles François Henault, 15. Jan 1749, Voltaire, Correspondence, Vol. XVII, Brief 3344, S. 11.

22 Longchamp: Anecdotes, S. 94f. Orieux: Voltaire, S. 385f. – auch Gilbert Mercier bestätigt das Komplott: Mercier: Femmes des Lumières à la court de Stanislas, S. 160.

23 Émilie Du Châtelet: Lettres d'amour, hrsg. von Soprani, S. 151, Nr. 66.

verzieh ihm. Auch bejammerte sie, dass sein Brief so kurz sei. Aber im selben Brief machte sie ihm wiederum eines der schönsten Liebesgeständnisse: „Sie sind der Anfang, das Ende und das Ziel und das ewige Subjekt all meiner Handlungen und all meines Denkens.“[24] Ende Februar, immer noch aus Paris, sind ihre Briefe wieder voller Klage und Unglück. „Ich verbringe mein Leben mit dem Beweinen Ihrer Untreue, verberge meine Tränen vor dem, der sich rächen könnte. [...] Sie bringen mich dazu, vor Schmerzen zu sterben, mich und das Wesen, das Ihnen teuer ist.“[25]

Von Paris aus ging es im April nach Versailles, wo sie sich vom 12. bis 27. des Monats aufhielt, zur selben Zeit, als auch Stanislas dort weilte. Sie ließ sich aber kaum auf die Ablenkungen am Hof ein, sondern saß die meiste Zeit in ihrem Zimmer und arbeitete, wie sie an Saint-Lambert am 21. April schrieb: „Ich nehme fast jeden Tag am Diner teil, aber kaum am Souper. Ich esse sehr wenig [...]. Ich gehe nicht ins Trianon, ich arbeite den ganzen Tag, d.h. in der mir frei verbleibenden Zeit, und die ganze Nacht durch, in der Hoffnung auf eine baldige Abreise.“[26] Einzig Stanislas gewährte sie Gesellschaft, wie sie vertrauensvoll an Saint-Lambert aus Versailles schreibt. Der Herzog von Lothringen kümmerte sich rührend um sie, versprach ihr eine Wohnung in Lunéville; es gebe niemanden anderes, der sie so mag wie er.[27] In den Briefen an Saint-Lambert wiederum beklagte sie, dass er ihr nicht schreibe und dass sie nicht glücklich sei.[28]

Wieder in Paris, von wo sie sich am 11. Mai 1749 an ihren Geliebten wandte, verlief der Alltag nicht viel anders, sie lebte absolut zurückgezogen in dem gemeinsam mit Voltaire gemieteten Haus in der Rue Traversière-Saint-Honoré und vertiefte sich in die

---

24 Am 10. Februar, ebd., Nr. 67.
25 27. Februar aus Paris an Saint-Lambert, ebd., S. 170, Nr. 73.
26 Émilie du Châtelet an Saint-Lambert, ebd., S. 204, Brief 81.
27 Ebd., S. 191, Nr. 79.
28 Ebd., S. 180ff., Nr. 77.

Abb. 14: Das Grand Trianon im Park von Versailles

Arbeit. Sie stand um neun Uhr morgens auf, ging nicht zum Souper in die Stadt, empfing kaum jemanden und arbeitete fast jeden Tag und die Nacht durch bis fünf Uhr morgens.[29] Manchmal traf sie Clairaut, aber gemeinsame Soupers in der Gesellschaft wie mit den Damen Deffand oder Boufflers lehnte sie kategorisch ab.[30] Gesundheitlich ging es ihr nicht gut, sie hielt eine rigorose Diät, nahm Medikamente ein, von denen sie aber nicht überzeugt war, ob sie halfen, sie schlief und aß nicht.[31]

Dieses karge, arbeitsreiche Leben in Paris dauerte bis Juni an. Am 27. Juni reiste sie dann über Cirey weiter nach Commercy und Lunéville, wo sie schließlich ein Haus bezog, das ihr Stanislas zur

29 Ebd., S. 213, Nr. 86.

30 Ebd., S. 220f., Nr. 89.

31 An Saint-Lambert, 10. Juni aus Paris, ebd., S. 80, Nr. 24 und S. 84, Nr. 25.

Verfügung gestellt hatte.[32] Hier verbrachte sie die letzten Monate ihrer Schwangerschaft und schloss die Übersetzung von Newton ab. Trotz des zu erwartenden Kindes schien sich der Vater nicht mehr um die werdende Mutter zu kümmern, denn auch in einem Brief Ende August beklagte sie die Abwesenheit Saint-Lamberts.[33] An dessen Stelle war Voltaire in diesen Tagen an ihrer Seite.

Am 4. September 1749 kam die Tochter von Émilie zur Welt. Nur wenige Tage später, am 10. September, verstarb die Mutter.[34] Neben Charles Bagard aus Nancy war Salmon einer der behandelten Ärzte. Charles Bagard war Arzt am Hof von Stanislas, aber auch der Aufklärung zugewandt. Er verkehrte am Hof ebenso wie in der Académie royale des sciences und der Académie des inscriptions et belles-lettres. Die Errichtung des Collège de médecins ging auf sein persönliches Engagement zurück.[35] Voltaire zeigte sich nach der Geburt der Tochter am 4. September wieder als treuer Familienagent, auch wenn es nicht seine eigene Tochter war. Die Adressaten waren Freunde und Bekannte wie der Marquis d'Argenson, der Comte d'Argental, aber natürlich auch die Vertraute Madame Denise. Die Geburt war gemäß der Berichte Voltaires leicht vonstattengegangen, Émilie hatte nachts um zwei Uhr arbeitend am Sekretär gesessen und plötzlich war das Kind da.[36] Sie kämpfte bis zuletzt gegen ein schweres Fieber.[37] Longchamp berichtet über ein

32 Ebd., S. 238, Nr. 97.

33 Ebd., S. 242, Nr. 99.

34 Das Mädchen wurde auf den Namen Stanislas-Adélaïde du Châtelet getauft und starb am 6. Mai 1751 in Lunéville.

35 Mazauric: En passant, S. 93ff.

36 Voltaire an den Marquis d'Argenson, Lunéville, 4. September 1749, Voltaire, Correspondence, Vol. XVII, Brief 3456, S. 157; Voltaire an d'Argental, Lunéville, 4. September 1749, Voltaire, Correspondence, Vol. XVII, Brief 3457, S. 157, Voltaire, Correspondence, Vol. XVII, Brief 3458, S. 159. Voltaire an Marguerite Jeanne Cordier Delaunay, baronne de Staal, 4. September 1749, Voltaire, Correspondence, Vol. XVII, Brief 3460, S. 161.

37 Gilbert Mercier: Femmes des Lumières à la court de Stanislas. Nancy

Drama zur Sterbestunde: Saint-Lambert hatte bis zuletzt an ihrem Bett gesessen, Voltaire und der Marquis wurden gerufen, nachdem sie verstorben war. Voltaire war von Schmerz überwältigt und stürzte am Treppenabsatz nieder. Saint-Lambert wollte ihm beim Aufstehen helfen, aber dieser schrie ihn an, dass er ihm Émilie genommen habe.[38] In seinen Mémoiren dagegen berichtet Voltaire davon, dass Stanislas zu ihm ins Zimmer kam, um ihn zu trösten, gemeinsam weinten sie um Émilie.[39]

Die Trauerfeier fand in der Kirche Saint-Rémy, heute Saint-Jacques, in Lunéville statt.[40] Wieder schrieb Voltaire an seine Freunde, dieses Mal über seine Trauer und seinen Schmerz.[41] Auch an die geliebte Nichte berichtete er sogleich. Bezeichnenderweise verleugnete er ihr gegenüber den wahren Charakter der Beziehung zu Émilie. Er habe einen Freund verloren, und er habe Madame du Châtelet schon seit Jahren nicht mehr als Frau betrachtet. Er stand in diesen Tagen dem Marquis du Châtelet sehr nahe und fuhr mit ihm nach Cirey, um die wichtigsten Angelegenheiten zu ordnen. Danach reiste er nach Paris, in die Arme der Madame Denis, in denen er den einzigen Trost und die einzige Hoffnung seines Lebens zu finden meinte.[42] Wie schnell er sich mit der Jüngeren tröstete, zeigen seine Briefe, die jetzt häufiger an die Nichte gingen. Bereits eine Woche nach dem Tod der geliebten Émilie forderte Voltaire Madame Denis auf, dieses Mal schon sein „treues Herz", ihm zu schreiben, er will

---

2004; S. 163.

38 Longchamp: Anecdotes, S. 97.

39 Voltaire: Mémoires, S. 148.

40 Mazauric: En passant, S. 95.

41 An Marie de Vichy de Chamrond, marquise du Dfeffand, 10. September 1749, Voltaire, Correspondence, Vol. XVII, Brief 3467, S. 169, an Argental, 17. September 1749, Cirey, Voltaire, Correspondence, Vol. XVII, Brief 3470, S. 171, an die Comtesse d'Argental, 21. September 1749, aus Cirey Voltaire, Correspondence, Vol. XVII, Brief 3472, S. 172.

42 Voltaire an Mme Denis, Lunéville, 10. September 1749, Voltaire, Correspondence, Vol. XVII, Brief 3466, S. 168.

alles wissen, er interessiert sich für all ihre Gefühle, all ihre Schritte, alle ihre Gedanken.[43] In Cirey konnte er nicht lange bleiben, er verbrachte die Tage unter Tränen, vermisste einen großen Freund, nicht die Mätresse, wie er wiederum an Madame Denis schrieb. Er regelte alle Notwendigkeiten und brach dann schnellstmöglich nach Paris mit dem Pferd auf. Das Traumschloss der vergangenen Jahre hatte sich in eine Wüste gewandelt.[44]

In Paris schien Voltaire sich dann relativ rasch von dem Schock und dem Verlust Émilies erholt zu haben. Einsam war er nicht, denn seine Nichte zog bereits im Dezember 1749[45] bei ihm ein, in das mit Émilie gemeinsam gekaufte Haus. Gegenüber Jean Dumas d'Aigueberre lobte er, dass Madame Denis philosophisch denke, sich mit schöner Literatur beschäftige und einen guten Geschmack sowie viele Freunde habe. Er bat auch d'Auigberre an, bei ihnen zu wohnen.[46] Im Oktober folgten dann die Elogen über Émilie an die Freunde. An Anne-Marie Fiquet du Boccage schrieb er am 12. Oktober 1749: Émilie du Châtelet habe die Ehre ihres Geschlechts in Frankreich bereichert, sie sei in der Philosophie das, was sie in der schönen Literatur verkörpere. Sie habe Newton übersetzt und erklärt, d.h., das geleistet, was ansonsten drei oder vier oder mehr Männer in Frankreich geleistet hätten. Sie sei unendlich kultiviert gewesen, durch die Lektüre von Werken, von Geschmack, von erhabenem Geist, den die Natur ihr geschenkt habe.[47] An Friedrich klagte er aus Paris am 15. Oktober 1749: „Ich habe nach fünfundzwanzig Jahren einen Freund verloren, einen großartigen Mann, der nur einen Fehler hatte, eine Frau zu sein, die nun ganz Paris betrau-

---

43 An Madame Denis, Cirey, 17. September 1749, Voltaire, Correspondence, Vol. XVII, Brief 3471, S. 172.

44 An Madame Denis, aus Cirey, 23. September 1749, Voltaire, Correspondence, Vol. XVII, Brief 3475, S. 176.

45 Longchamp: Anecdotes, S. 104.

46 Paris 26. Okt. 1749 Voltaire, Correspondence, Vol. XVII, Brief 3494, S. 196.

47 Voltaire, Correspondence, Vol. XVII, Brief 3483, S. 185.

ert und ehrt. Im Leben hat man ihr vielleicht keine Gerechtigkeit widerfahren lassen [...]. Doch eine Frau, die fähig war, Newton und Virgil zu übersetzen, und die alle Tugenden eines Ehrenmannes besaß, wird ohne Zweifel auch von Ihnen betrauert werden.“[48]

48 Voltaire, Correspondence, Vol. XVII, Brief 3487, S. 188, s. Pleschinski, Briefwechsel, S. 361.

ANHANG

QUELLEN

Breteuil, Baron de: Memoires. Paris 1992

Du Châtelet, Gabrielle Émilie, hrsg. von Besterman, Theodore: Les lettres de la Marquise du Châtelet, Bd. 1, Briefe 1–231: 1733–1939, Bd. 2, Briefe 232–486: 1740–1749. Genf 1958

Du Châtelet, Gabrielle Émilie: La Correspondance d'Émilie Du Châtelet, hrsg. von Ulla Kölving und Andrew Brown. Ferney-Voltaire 2019

Du Châtelet, Émilie: Lettres d'amour au marquis de Saint-Laurent, hrsg. von Anne Soprani. Paris 1997

Du Châtelet, Gabrielle Émilie: Institutions de physique. Paris, Prault, 1740

Du Châtelet, Gabrielle Émilie: Der Frau Marquisinn von Chastellet Naturlehre an Ihren Sohn. Halle, Leipzig 1743

Du Châtelet, Gabrielle Émilie: Dissertation sur la nature et la propagation du feu, 1739. Paris 1744

Du Châtelet, Gabrielle Émilie: Principes mathématiques de la philosophie naturelle. Paris 1759

Du Châtelet, Gabrielle Émilie: Discours sur le bonheur, hrsg. von Robert Mauzi. Paris 1961

Du Châtelet, Gabrielle Émilie: Rede vom Glück. Discours sur le bonheur, aus dem Französischen und hrsg. von Iris Röbling. Berlin 1999

Du Châtelet, Gabrielle Émilie: Examens de la Bible. Edités et annotés par Bertram Eugène Schwarzbach. Honoré Champion. Paris 2011

Du Châtelet, Gabrielle Émilie: Selected Philosophical and Scientific Writings, edited and with an introduction by Judith P. Zinsser, translated by Isabelle Bour and Judith P. Zinsser. Chicago, London 2009

Souvenirs de la marquise de Créqui, 1710–1803. Paris 1867
Du Deffand, Marie: Correspondance complete de la marquise du Deffand avec ses amis, ed. by M. de Lescure. Paris Henri Plon, 1865
Graffigny, Françoise de: Vie privée de Voltaire et de Mme du Châtelet pendant un séjour de six mois à Cirey. Paris 1820
Graffigny, Françoise de: Choix des lettres, hrsg. von E. Showalter. Oxford, Voltaire Foundation 2001 (Paris 1820, Faksimile)
Œuvres diverses de monsieur Jean Locke. Fritsch et Böhm, Rotterdam 1710
Longchamp, Sébastien: Anecdotes sur la vie privée de Monsieur de Voltaire. Texte établie par Frédéric S. Eigeldinger, présenté et annoté par Raymond Trousson. Paris 2009
Luynes Charles Philippe d'Albert: Mémoire du duc de Luynes sur la cour de Louis XV 1735–58, ed. by L. Dussieux et E. Soulié, 17 Bände, 1860
Mairan, Jean Jacques Dortous de: Lettre à Mme *** sur la question des forces vives. Paris, Académie royale des sciences, 1741
La Mettrie, Julien Offray de: Über das Glück oder Das höchste Gut – Anti-Seneca, hrsg. von Bernd A. Laska. Nürnberg 2004
Richelieu, Louis François Armand du Plessis, duc de: Mémoires du maréchal duc de Richelieu, 2 Bände. Paris 1889
Voltaire: Correspondence, edited by Theodore Besterman, Vol. III–XVII, 1733–1749, Genf 1954
Voltaire – Friedrich der Große. Briefwechsel, hrsg. von Hans Pleschinski. München 2010
Voltaire: Mémoires, hrsg. von Jacqeline Hellegouarc'h. Paris 1998
Voltaire: Mémoires pour servir à la vie de M. de Voltaire, écrits par lui-même. Paris 2011
Voltaire: Lettres philosophiques, hrsg. von Frédéric Deloffre. Paris 1986
Voltaire: Philosophisches Taschenwörterbuch, hrsg. von Rainer Bauer, Voltaire-Stiftung. Ditzingen 2023
Voltaire: Eléments de la philosophie de Newton, The complete works of Voltaire. 15, hrsg. von Theodore Besterman. Oxford 1992

ARCHIVE

Quellen zum Leben in Cirey
Archives départmentales de la Haute-Marne, Chaumont (ADHM)

Werke von Émilie du Châtelet
Bibliothèque nationale, Paris
Centre International d'étude du XVIII siècle, Ferney-Voltaire

Inventarlisten zu den Bibliotheken und Häusern in Paris
Archives nationales, Paris

LITERATUR

Appel, Sabine: Religionskritik damals und heute (2/2): Aufklärung und Moderne; SWR2, 16.2.2020

Badinter, Élisabeth: Émilie, Émilie, l'ambition feminine au XVIIIe siècle. Paris 1983, 2006

Badinter, Élisabeth: Les Passions intellectuelles, Bd. 1. Paris 1999

Bauer Rainer: Voltaire, Juden, Antisemitismus, https://www.correspondance-voltaire.de/voltairejudenantisemitismus/

Blanning, Tim: Friedrich der Große. König von Preußen. München 2019

Böttcher, Frauke: Das mathematische und naturphilosophische Lernen und Arbeiten der Marquise du Châtelet (1706–1749): Wissenszugänge einer Frau im 18. Jahrhundert. Frankfurt am Main 2013

Brading, Katherine: Émilie du Châtelet and the foundations of physical science. New York, London 2019

Braudel, Fernand: Sozialgeschichte des 15.-18. Jahrhunderts. Der Alltag. München 1990

Brown, Andrew u.a.: Dans les arcanes d'une famille illustre: Les Archives du Châtelet révélés, exposition présentée du 19 juin au 18 décembre 2015 aux Archives Départementales, un service du Département de la Haute-Marne. Paris 2015

Brown, Andrew/Kölving, Ulla: Les Du Châtelet et Voltaire dans la rue du Faubourg Saint-Honoré, 1742–1745, in: Cahiers Voltaire 23, Revue annuelle de la Société Voltaire. Ferney-Voltaire 2025, S. 85–100

Chaussinand-Nogaret, Guy: The french nobility in the 18th Century: From Feudalism to Enlightenment. Cambridge 1995

Edwards, Samuel: Die göttliche Geliebte Voltaires. Das Leben der Émilie du Châtelet. Stuttgart 1971

Firges, Pascal: The Tacit Rules of female Aultery: Framing Marital and Extramarital Relationships in Seventeenth- and Eighteenth-Century French Court Society, in: Femmes à la Cour de France. Charges et Fonctions XVe–XIXe siecle, sous la direction de Caroline zum Kolk et Kathleen Wilson-Chevalier. Villeneuve d'Asq 2018

Gauvin, J.-F: Le cabinet de physique du château de Cirey et la philosophie naturelle de Mme du Châtelet et Voltaire, in: Émilie du Châtelet: Rewriting Enlightenment philosophy and science, hrsg. von J. Zinsser und Julie C. Hayes, S. 165–202. Oxford, Voltaire Foundation 2006

Hagengruber, Ruth Edith (Hrsg.): Époque Émilienne. Philosophy and Science in the Age of Émilie Du Châtelet (1706–1749). Cham/Schweiz 2022

Hagengruber, Ruth/Hecht, Hartmut (Hrsg.): Émilie Du Châtelet und die deutsche Aufklärung. Wiesbaden 2019

Hagengruber, Ruth (Hrsg.): Émilie du Châtelet between Leibniz and Newton. Wiesbaden 2011

Hamel, Frank: An Eighteenth Century Marquise. A Study of Emilie Du Châtelet and Her Times, Franklin Classics 2018

Hecht, Hartmut (Hrsg.): Pierre Louis Moreau de Maupertuis. Eine Bilanz nach 300 Jahren, Schriftenreihe des Frankreich-Zentrums der Technischen Universität Berlin, Bd. 3. Berlin 1999

Horowski, Leonhard: Das Europa der Könige. Macht und Spiel an den Höfen des 17. und 18. Jahrhunderts. Reinbek bei Hamburg ^{2}2017

Kant, Immanuel: Vorkritische Schriften bis 1768, hrsg. von Wilhelm Weischedel. Frankfurt am Main 1968

Kölving, Ulla/Courcelle, Olivier (Hrsg.): Émilie du Châtelet. Éclairages et documents nouveaux. Ferney-Voltaire 2008

Lang, Bernhard: Tischgespräche mit Voltaire, NZZ, 7. Januar 2012

Longchamp, Sébastien G. et Wagnière, Jean-Louis: Mémoires sur Voltaire et sur ses ouvrages, Paris 1826

Martin, Jean-Pierre: Pierre Louis Moreau de Maupertuis, hrsg. von Hartmut Hecht. Berlin 1999

Mauro, Florence: Émilie du Châtelet, Plon. Paris 2006

Mercier, Gilbert: Femmes des Lumières à la court de Stanislas. Nancy 2004

Metzger, Hélène: La théorie du feu d'après Boerhaave, in: Revue Philosophique de la France et de l'Étranger, T. 109 (Janvier à Juin 1930), S. 253–285

Newton, William Ritchey: Hinter den Fassaden von Versailles. Mätressen, Flöhe und Intrigen am Hof des Sonnenkönigs. Berlin [5]2017

Nirenberg, David: Antijudaismus. Eine andere Geschichte des westlichen Denkens. Darmstadt 2015

Orieux, Jean: Das Leben des Voltaire. Frankfurt am Main 1994

Pomeau, René: Voltaire en son temps, Tome Premier 1694–1759. Paris 1995

Pomeau, René: La Religion de Voltaire. Paris 1969

Pomeau, René: „Ecraser l'Infâme" 1759–1770. Oxford 1994

Reichenberger, Andrea: Émilie du Châtelets Institutions physiques: Über die Rolle von Prinzipien und Hypothesen in der Physik (Frauen in Philosophie und Wissenschaft. Women Philosophers). Wiesbaden 2016

Reinhardt, Volker: Voltaire. Die Abenteuer der Freiheit. Eine Biographie. München 2022

Röd, Wolfgang (Hrsg.): Geschichte der Philosophie, Bd. VIII: Die Philosophie der Neuzeit 2 - Von Newton bis Rousseau. München [2]1984

Schäfer, Peter: Kurze Geschichte des Antisemitismus. München 2020

Toulmonde, Michel: Un manuscrit scientifique inédit d'Émilie du Châtelet: *Principes d'optique et d'astronomie*. À la memoire d'Andrew Brown, in: Cahiers Voltaire 23, Revue annuelle de la Société Voltaire, Ferney Voltaire 2025, S. 49–84

Vaillot, René: Madame du Châtelet. Paris 1978

Wade, Ira O.: Voltaire and Madame du Châtelet. New York 1967

Zinsser, Judith P.: Daring Genius of the Enlightenment. Émilie du Châtelet. New York 2006

BILDNACHWEIS

Abb. 1	Voltaire © akg-images / André Held; Nicolas de Largillière, Institut et Musée Voltaire
Abb. 2	Château de Cirey, © Andrea Brill
Abb. 3	Park von Cirey, © Andrea Brill
Abb. 4	Rechnung über Pferdekauf; ©Archives départementales de la Haute-Marne (ADHM)
Abb. 5	Rechnung für eine Kutschfahrt Voltaires, © Archives départementales de la Haute-Marne (ADHM)
Abb. 6	Titelseite *Institutions de physique*, © Voltaire, Correspondence, hrsg. von Theodore Besterman, Band 10.
Abb. 7	Château de Versailles, © Andrea Brill
Abb. 8	Der Schlosspark von Versailles, © Andrea Brill
Abb. 9	Beförderung des Marquis du Châtelet, © Archives départementales de la Haute-Marne (ADHM)
Abb. 10	Ordre de marche aus dem Österreichischen Erbfolgekrieg, ©Archives départementales de la Haute-Marne (ADHM)
Abb. 11	Rechnung Mathematikunterricht für den Sohn, © Archives départementales de la Haute-Marne (ADHM)
Abb. 12	Spielkarten, ©Archives départementales de la Haute-Marne (ADHM)
Abb. 13	Gabrielle-Émilie Le Tonnelier de Breteuil, Marquise du Châtelet, © Collection du Marquis de Breteuil, Château de Breteuil - Yvelines - France
Abb. 14	Das Grand Trianon im Park von Versailles, © Andrea Brill